GEOFÍSICA APLICADA

MÉTODOS GEOELÉTRICOS EM HIDROGEOLOGIA

ANTONIO CELSO DE OLIVEIRA BRAGA

Copyright © 2016 Oficina de Textos

Grafia atualizada conforme o Acordo Ortográfico da Língua Portuguesa de 1990, em vigor no Brasil desde 2009.

Conselho editorial Arthur Pinto Chaves; Cylon Gonçalves da Silva; Doris C. C. K. Kowaltowski; José Galizia Tundisi; Luis Enrique Sánchez; Paulo Helene; Rozely Ferreira dos Santos; Teresa Gallotti Florenzano

Capa e projeto gráfico Malu Vallim
Diagramação Alexandre Babadobulos
Preparação de figuras Letícia Schneiater
Preparação de textos Carolina A. Messias
Revisão de textos Pâmela de Moura Falarara
Impressão e acabamento Rettec artes gráficas

Dados Internacionais de Catalogação na Publicação (CIP)
(Câmara Brasileira do Livro, SP, Brasil)

Braga, Antonio Celso de Oliveira
 Geofísica aplicada : métodos geoelétricos em hidrogeologia / Antonio Celso de Oliveira Braga. -- São Paulo : Oficina de Textos, 2016.

 Bibliografia.
 ISBN 978-85-7975-191-2

 1. Águas subterrâneas 2. Geofísica 3. Métodos 4. Recursos hídricos - Desenvolvimento I. Título.

15-06661   CDD-551.49

Índices para catálogo sistemático:
1. Geofísica aplicada : Métodos : Hidrogeologia 551.49

Todos os direitos reservados à **Editora Oficina de Textos**
Rua Cubatão, 798
CEP 04013-003 São Paulo SP
tel. (11) 3085-7933 fax (11) 3083-0849
www.ofitexto.com.br
atend@ofitexto.com.br

prefácio

O acesso aos recursos hídricos requer a atenção dos gestores públicos diante do aumento da demanda e da diminuição da oferta em termos de qualidade, acessibilidade e vazões proporcionadas por recursos hídricos superficiais. O recurso hídrico subterrâneo é uma alternativa considerada em muitos casos, preferencialmente onde a disponibilidade do recurso superficial é escassa, vindo complementar ou até substituir essa forma de captação, além de ser relevante em termos econômicos. A Geofísica, quando aplicada em estudos envolvendo as águas subterrâneas, representa um subsídio fundamental na gestão e no planejamento para captação visando ao abastecimento, monitoramento e remediação de áreas contaminadas. O uso de métodos geoelétricos é uma possibilidade nesse contexto, considerando a sensibilidade de mensuração indireta de parâmetros físicos alteráveis em presença de poluentes em solos e águas subterrâneas e a ampla cobertura para investigação em termos espaciais de forma rápida a um custo relativamente reduzido, quando comparado a técnicas tradicionais diretas de investigação. Além disso, os métodos geoelétricos auxiliam na indicação de áreas favoráveis de aquíferos promissores visando à captação de águas subterrâneas.

Este livro visa preencher uma lacuna no meio científico brasileiro em relação a material técnico envolvendo conceitos teóricos básicos e práticos de aquisição e análise de dados geoelétricos fundamentados em critérios geológicos, cujos aspectos são abordados no livro e de interesse de profissionais e pesquisadores envolvidos no tema. O público-alvo principal deste material são alunos de graduação (de Geologia, Geofísica e Engenharia Ambiental) e pós-graduação (de Geociências e Meio Ambiente), além de usuários da Geofísica Aplicada de modo geral, pois fornece subsídios para a escolha das metodologias geofísicas mais adequadas em estudos para captação e preservação das águas subterrâneas, considerando resolução, custos e prazos. A falta de conhecimento específico leva a uma utilização muitas vezes inadequada das metodologias geofísicas, tornando os dados coletados e processados imprecisos e não consistentes, com consequente descrédito dos métodos utilizados. O conteúdo deste livro aborda tanto as questões teóricas sobre os métodos geoelétricos como as questões extremamente práticas no desenvolvimento das técnicas e arranjos de campo, fornecendo orientações na coleta e na interpretação de dados, além de várias ilustrações sobre a metodologia. Casos históricos envolvendo objetivos e geologia variada são apresentados e discutidos, proporcionando ao leitor subsídios para a avaliação e a escolha da metodologia empregada mais adequada.

Agradecemos a todos os profissionais que, de alguma forma, colaboraram para a conclusão deste trabalho, com ênfase aos profissionais do Instituto de Pesquisas Tecnológicas do Estado de São Paulo (IPT) e da Universidade Estadual Paulista (Unesp – Rio Claro). Destacamos particularmente os seguintes colaboradores por suas participações nas diversas etapas do trabalho: Prof. Dr. Walter Malagutti Filho (Unesp), geólogos pesquisadores Régis Gonçalves Blanco e Carlos Alberto Birelli (IPT), Prof. Dr. César Augusto Moreira (Unesp), pelo conteúdo técnico; Fernanda Bacaro (Engenharia Ambiental – IGCE/Unesp) e Richard Fonseca Francisco (pós-graduação – IGCE/Unesp), pela revisão; arquiteta e *designer* Maria Carolina de Oliveira Braga, pelas ilustrações gráficas.

 Diversos materiais complementares produzidos pelo autor, contendo infográficos e planilhas sobre conceitos apresentados nesta obra, podem ser encontrados na página do livro na internet (http://www.ofitexto.com.br/produto/metodos_geoeletricos.html).

As figuras com o símbolo são apresentadas em versão colorida entre as páginas 141 e 155.

sumário

Parte I – Conceitos teóricos e práticos
dos métodos geoelétricos... 7

1 Métodos geoelétricos aplicados................................... 15
   1.1 Método da eletrorresistividade 15
   1.2 Método da polarização induzida 21
   1.3 Método do potencial espontâneo 25
   1.4 Parâmetros de Dar Zarrouk 26

2 Técnica da sondagem elétrica vertical...................... 31
   2.1 Sondagem Elétrica Dipolar (SED) 31
   2.2 Sondagem Elétrica Vertical (SEV) 32

3 Técnica do caminhamento elétrico 67
   3.1 Caminhamento Elétrico (CE) 67

Parte II – Aplicação dos métodos geoelétricos.......................... 81

4 Métodos geoelétricos na captação
   de águas subterrâneas 89
   4.1 Aplicações em Investigações
      Hidrogeológicas 90
   4.2 Casos históricos... 100

5 Métodos geoelétricos na contaminação
   das águas subterrâneas 117
   5.1 Aplicações em Investigações
      Hidrogeológicas 117
   5.2 Casos históricos... 126

Referências bibliográficas... 157

Parte I
Conceitos teóricos e práticos dos métodos geoelétricos

A Geofísica pode ser definida basicamente como uma ciência aplicada à Geologia que estuda suas estruturas e corpos delimitados pelos contrastes de algumas de suas propriedades físicas com as do meio circundante, utilizando medidas tomadas na superfície da Terra, no interior de furos de sondagens e em levantamentos aéreos. Apresenta uma íntima relação da Física com a Geologia, procurando resolver, com base na Física, questões de ordem geológica. Tanto o geofísico como o geólogo estudam a parte sólida da Terra e, apesar de esses profissionais utilizarem instrumentos de trabalho diferentes, seus objetivos convergem para a mesma direção.

Os principais fenômenos físicos que ocorrem no interior da Terra, nos quais a Geofísica se baseia, estão ligados a: *campo magnético terrestre; fluxo geotérmico; propagação de ondas sísmicas; gravidade; campos elétricos e eletromagnéticos; correntes telúricas e radioatividade* (Quadro I.1).

Quadro I.1 Fenômenos físicos naturais e os métodos geofísicos

Fenômenos físicos da Terra	Métodos geofísicos
Campo magnético terrestre ⇒	Magnetometria
Fluxo geotérmico ⇒	Geotermia
Propagação de ondas sísmicas ⇒	Sísmicos
Força da gravidade ⇒	Gravimetria
Campos elétricos e eletromagnéticos ⇒	Geoelétricos
Radioatividade ⇒	Espectometria

Em função do parâmetro físico estudado, a Geofísica pode ser dividida em quatro grupos: *gravimétrico, magnetométrico, geoelétricos e sísmicos*. Os métodos da gravimetria e magnetometria utilizam campo natural, estudando as perturbações que determinadas estruturas ou corpos produzem sobre campos preexistentes. Os métodos geoelétricos (exceção do potencial espontâneo e magneto telúrico) e os sísmicos são artificiais, ou seja, o campo físico a ser estudado é criado por meio de equipamentos apropriados.

Os fundamentos teóricos desses métodos geofísicos baseiam-se na determinação de propriedades físicas que caracterizam os diferentes tipos de materiais que se encontram no ambiente geológico, e nos contrastes que essas propriedades podem apresentar. Ressalta-se o fato de que uma eventual intervenção do homem nesse ambiente pode gerar mudanças nos vários campos físicos e nas suas propriedades.

A Geofísica, em termos práticos, pode ser dividida em:

* *Geofísica Básica*: envolve o desenvolvimento de *softwares* e instrumentação geofísica, e estudos sobre os fenômenos físicos – *domínio teórico*.
* *Geofísica Aplicada*: envolve a aplicação da teoria e instrumentação geofísica na investigação de situações ou estruturas existentes nos meios geológicos (partes rasas ou profundas da Terra) – *domínio prático*.

As principais áreas de atuação da Geofísica Aplicada podem ser: Hidrogeologia, Geologia de Engenharia, Geologia Ambiental, Prospecção Mineral, Geologia do Petróleo, Geologia Básica, Terremotos/Sismos, Arqueologia, Pedologia. Destacam-se as possibilidades da Geofísica Aplicada no controle das alterações provocadas pelo homem no meio ambiente geológico, a qual seria baseada nas investigações das deformações dos campos físicos e propriedades da litosfera, sob impacto das atividades do homem. As observações geofísicas, de forma geral, não afetam o ambiente geológico, podendo ser, se necessário, executadas várias vezes em uma mesma área.

Nos levantamentos geofísicos de campo, não deve ser descartada *a priori* a possibilidade de perfurações por sondagens mecânicas. Essas sondagens, ainda que normalmente mais onerosas que os métodos geofísicos, fornecem dados seguros e exatos sobre o subsolo, os quais servem para auxiliar na interpretação geofísica, ajustando o modelo inicial. Entretanto, em virtude dos custos elevados de uma perfuração, é preferível e mais adequado realizar estudos iniciais com levantamentos geofísicos e programar sondagens mecânicas em função desses resultados.

Os resultados da Geofísica não devem ser compreendidos como definitivos, mas como informação complementar para o responsável decidir qual estratégia usar para soluções técnicas mais adequadas. Outra consideração diz respeito ao fato de que, com frequência, recorre-se aos métodos geofísicos somente quando as perfurações fracassam devido, por exemplo, às complexidades geológicas locais. Nesses casos, investigações que poderiam ser realizadas economicamente por métodos geofísicos, com cobertura contínua e espacial da área, aliados a perfurações de apoio, resultam em projetos muito onerosos e com prazos inadequados.

Prováveis divergências entre resultados geofísicos e poços devem ser analisadas com atenção; em algumas ocasiões, ambos os modelos podem estar corretos (Fig. I.1), ou ainda a localização de um poço pode ser inadequada em relação à indicada pelos levantamentos geofísicos.

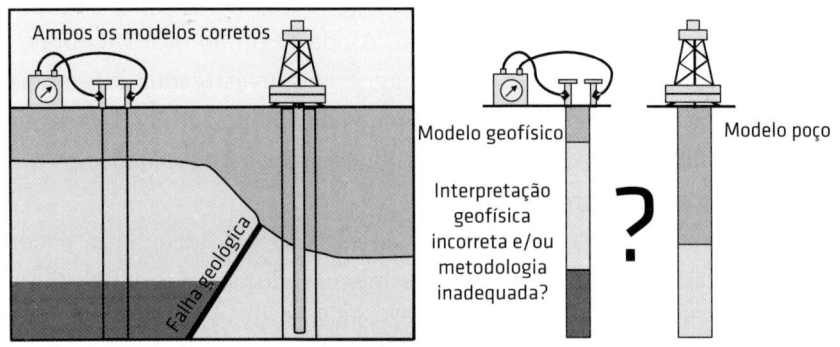

Fig. I.1   *Divergência nos resultados: geofísica vs. poço*
Fonte: adaptado de Thomsen et al. (2004).

Entre os principais métodos geofísicos, os *métodos geoelétricos*, com suas modalidades diversas, são muito utilizados no mundo inteiro, atuando nas mais variadas áreas de conhecimento. Essa atuação abrange desde levantamentos puramente acadêmicos até levantamentos procurando atender solicitações mais práticas e de interesse imediato da população, envolvendo praticamente todas as áreas das Geociências. Nesse grupo, destacam-se os métodos da *eletrorresistividade* e *polarização induzida* como os mais importantes. Trabalhos abordando a Geofísica Aplicada, incluindo aplicações e conceitos básicos metodológicos, podem ser encontrados em Griffiths e King (1972), Kunetz (1966), Parasnis (1970), Telford et al. (1990) e Robinson e Coruh (1988).

Uma questão importante quando se discutem não só os métodos geoelétricos, mas a Geofísica, diz respeito à identificação de suas várias modalidades existentes. É comum encontrar profissionais ou usuários dessa ferramenta de apoio que se equivocam sobre as denominações das modalidades em uso. Os termos "métodos", "técnicas" e "arranjos" são utilizados algumas vezes de maneira inadequada, trazendo, principalmente ao usuário leigo sobre o assunto, dificuldades no entendimento da Geofísica Aplicada.

Como citado anteriormente, os métodos geoelétricos possuem inúmeras modalidades de uso, algo que contribui para equívocos ainda maiores. Algumas afirmações quanto à rapidez na coleta de dados de determinado método em relação a outro, na verdade, referem-se às técnicas de investigação.

Determinadas obras da literatura internacional procuram apresentar uma classificação para os métodos geoelétricos, tentando normalizar essas denominações (Iakubovskii; Liajov, 1980; Orellana, 1972). Esses autores apresentam uma classificação baseada em características, como sistema de excitação e medição do campo elétrico. Ainda segundo esses autores, em função da natureza dos campos eletromagnéticos investigados, diferenciam-se os métodos de campo natural e métodos de campo artificial. O segundo grupo é mais numeroso, o que está relacionado com a diversidade dos métodos de excitação do campo.

Entretanto, essas classificações não são as mais adequadas, podendo apresentar certas confusões para os leigos, misturando parâmetros físicos medidos com procedimentos de campo. Uma classificação proposta para os métodos geoelétricos é baseada apenas em três critérios: *métodos geoelétricos*, *técnicas de investigação* e *arranjos de desenvolvimento de campo*. Essa classificação procura revelar a metodologia geoelétrica para qualquer tipo de usuário, tornando simples o entendimento de suas várias modalidades e, consequentemente, seus empregos adequados em função dos objetivos e da geologia local.

Os diferentes materiais geológicos apresentam propriedades físicas características, as quais definem os métodos geofísicos. Portanto, considera-se como *método geoelétrico* aquele decorrente do parâmetro físico obtido por meio de equipamentos apropriados. O método visa levar a uma caracterização e identificação dos diferentes materiais geológicos, em auxílio aos objetivos da pesquisa.

O método geoelétrico se faz acompanhar das *técnicas de investigação*, que são o suporte prático de *desenvolvimento*. Para estudo das variações do(s) parâmetro(s) físico(s) dos materiais geológicos, as técnicas podem assumir três formas de investigação: *sondagens* (investigações 1D), *caminhamentos* (investigações 2D) ou *perfilagens*.

No desenvolvimento das técnicas de investigação, diferentes *procedimentos* de campo podem ser adotados para objetivos em comum. Esses procedimentos referem-se à disposição dos acessórios (eletrodos) necessários para a execução das técnicas e são denominados *arranjos de desenvolvimento*, os quais apresentam uma grande variedade de opções.

O Quadro I.2 apresenta uma proposta para a classificação dos métodos geoelétricos aplicados.

Quadro I.2 Classificação dos métodos geoelétricos

Método geoelétrico	Parâmetro físico obtido (variável): caracteriza e identifica os materiais geológicos.
Técnica de investigação	Tipo de investigação: suporte prático para aquisição de dados.
Arranjo de desenvolvimento	Configuração dos eletrodos: desenvolvimento das técnicas.

Os métodos geoelétricos, cujas metodologias ao longo dos anos têm sido aperfeiçoadas em virtude da solicitação nos mais variados campos de atuação, têm nas questões relacionadas às águas subterrâneas um papel de extrema importância, tanto em estudos visando à captação para abastecimento como em questões decorrentes de contaminações de solos e águas subterrâneas. Os principais métodos geoelétricos são: *eletrorresistividade, polarização induzida, potencial espontâneo, eletromagnéticos* e *radar de penetração no solo*.

 Conferir o infográfico "Método eletromagnético", que ilustra como esse método geoelétrico funciona.

Nos estudos envolvendo as águas subterrâneas, inicialmente esses métodos tiveram como objetivos principais a identificação de camadas promissoras para captação de águas subterrâneas. Além desses objetivos, e considerando a crescente contaminação em subsuperfície em virtude dos mais variados tipos de atividades, esses métodos também são aplicados em investigações relativamente rasas no mapeamento de contaminantes em solos, rochas e águas subterrâneas, envolvendo as fases de: (i) *investigações preliminares*, na caracterização da geologia, identificando áreas vulneráveis a contaminantes, e (ii) *investigações confirmatórias, remediação* e *monitoramento*, estudando as possíveis alterações no meio geológico em presença de contaminantes.

A introdução de alguns tipos de contaminantes no subsolo altera significativamente os valores naturais dos principais parâmetros geoelétricos, dos quais os métodos geoelétricos se utilizam (por exemplo, a resistividade elétrica e a cargabilidade). Levantamentos por eletrorresistividade efetuados em refinarias de combustíveis procurando delimitar plumas de contaminação de derivados de hidrocarbonetos por meio de vazamentos de gasolina e óleo diesel permitem excelentes resultados, podendo estimar inclusive a variação temporal das contaminações.

De modo geral, os métodos geoelétricos apresentam ainda uma particularidade em relação a outros métodos geofísicos, ou seja, englobam vários métodos, técnicas de campo e uma grande quantidade de arranjos. Dessa maneira, podem ser adaptados em função da área a ser estudada. Entretanto, existem destaques dentro dessa vasta metodologia que devem ser priorizados em relação às demais. Cabe ressaltar ainda que os métodos geoelétricos apresentaram uma evolução na obtenção e tratamento dos dados, tanto na parte instrumental como no desenvolvimento de *softwares* visando ao processamento dos dados de campo para obtenção de modelos mais precisos e confiáveis.

A utilização inadequada de técnicas geofísicas e/ou arranjos de campo, dependendo da geologia e dos objetivos que se propõem alcançar em um determinado projeto, pode levar a erros graves na definição final do modelo geoelétrico da área estudada. Portanto, a seleção da metodologia geofísica constitui o primeiro passo para o sucesso e uso equilibrado dessa ferramenta em estudos diversos. Vários casos comprovados de resultados incorretos obtidos por levantamentos geoelétricos, atribuídos à "ineficiência da Geofísica", foram consequência do emprego de técnicas inadequadas em função dos objetivos esperados e da geologia local. Assim, a programação correta de uma campanha geofísica não é simples nem deve ser automática.

As técnicas de investigação nos métodos geoelétricos consistem em procedimentos para estudar as variações de parâmetros físicos do meio geológico. Elas podem ser de três tipos principais: *sondagens*, *caminhamentos* e *perfilagens* (Quadro I.3). A diferença básica entre essas técnicas está no procedimento de campo, ou seja, na disposição dos eletrodos na superfície do terreno ou interior de furos de sondagens e a maneira de desenvolvimento dos trabalhos.

QUADRO I.3 TÉCNICAS DE INVESTIGAÇÃO E SEUS OBJETIVOS

Sondagem elétrica	Caminhamento elétrico	Perfilagem elétrica
Investigar em profundidade a partir de um ponto fixo na superfície de terreno.	Investigar lateralmente descontinuidades dos materiais geológicos.	Investigar *in situ*, no interior de furos de sondagem.

A sondagem elétrica, levantamento unidimensional, é ideal para determinar a estratificação de diferentes camadas geológicas, topo da rocha sã, profundidade do nível d'água etc. O caminhamento elétrico, com variação de levantamento bidimensional, é utilizado para identificar, por exemplo, diques, contatos geológicos, fraturamentos e falhamentos, além de caracterizar plumas de contaminação. A perfilagem é uma técnica desenvolvida no interior de furos de sondagens mecânicas e é aplicada principalmente na Hidrogeologia e na prospecção de petróleo.

> Conferir os infográficos "Sondagem elétrica", "Caminhamento elétrico" e "Perfilagem elétrica". A planilha "Técnicas de investigação" apresenta a programação das técnicas de investigação dos métodos geoelétricos: sondagem elétrica vertical – arranjo Schlumberger, caminhamento elétrico – arranjos dipolo-dipolo e gradiente.

A Fig. I.2 ilustra o desenvolvimento dos métodos da eletrorresistividade, polarização induzida e potencial espontâneo por meio das técnicas de investigação da sondagem, caminhamento e perfilagem elétrica (A e B: eletrodos de corrente; M e N: eletrodos de potencial).

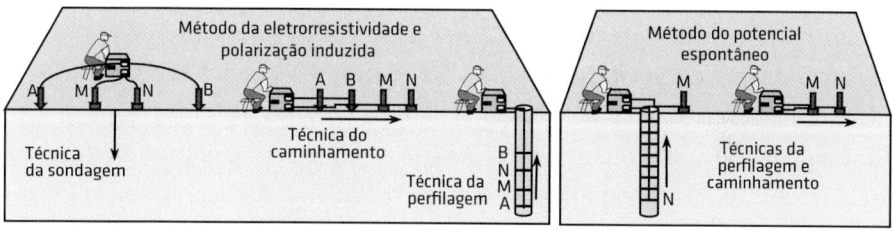

Fig. I.2 *Desenvolvimento no campo dos métodos da eletrorresistividade, polarização induzida e potencial espontâneo*

Métodos geoelétricos aplicados

1.1 Método da eletrorresistividade

Pertencente ao grupo dos métodos geoelétricos, a *eletrorresistividade* (ER) é um método geofísico cujo princípio está baseado na determinação da resistividade elétrica dos materiais que, juntamente com a constante dielétrica e a permeabilidade magnética, expressa fundamentalmente as propriedades eletromagnéticas dos solos e rochas. Os diferentes tipos de materiais existentes no ambiente geológico apresentam como uma de suas propriedades fundamentais a resistividade elétrica, parâmetro físico aplicável para caracterização da integridade física de materiais geológicos, em termos de alteração, fraturamento, saturação etc., além de possibilitar a identificação de litotipos sem a necessidade de amostragem ou reconhecimento direto.

Considerando um condutor homogêneo, de forma cilíndrica ou prismática (Fig. 1.1), em que L é seu comprimento e S é a área de sua seção transversal, com base na lei de Ohm, é definida a relação entre a resistividade (ρ) e a resistência (R), dada pela Eq. 1.1.

$$\rho = R \frac{S}{L} \quad (\Omega\ m) \qquad (1.1)$$

Portanto, o parâmetro resistividade é o produto da resistência elétrica (Ω) por um comprimento (m) e área da seção (m²), razão pela qual a unidade de resistividade no sistema SI é Ωm. Trata-se de um

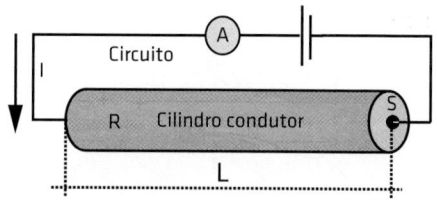

FIG. 1.1 *Relação resistividade e resistência*

O infográfico "Lei de Ohm" ilustra a relação entre resistividade e resistência.

coeficiente que depende da natureza e do estado físico do corpo considerado. De maneira simplista, a resistividade pode ser definida como uma medida da dificuldade que a corrente elétrica encontra na sua passagem em um determinado material e isso está relacionado aos mecanismos pelos quais a corrente elétrica se propaga. Em solos e rochas, esses mecanismos são caracterizados pela condutividade (σ), que numericamente pode ser expressa como o inverso da resistividade:

$$\rho = R \frac{S}{L} \quad (S/m) \tag{1.2}$$

Esses mecanismos de propagação das correntes elétricas podem ser do tipo:

* *condutividade eletrônica* (metais e semicondutores): deve-se ao transporte de elétrons na matriz da rocha, sendo a sua resistividade governada pelo modo de agregação dos minerais e o grau de impurezas;
* *condutividade iônica* (eletrólitos sólidos e eletrólitos líquidos): deve-se ao deslocamento dos íons existentes nas águas contidas nos poros do solo, sedimentos inconsolidados ou fissuras das rochas.

Em qualquer material tridimensional terrestre, a corrente elétrica apresentará propagação de forma semiesférica a partir do ponto de origem. Considerando uma bateria conectada ao solo, por meio de cabos e eletrodos, por dois pontos distantes um do outro, a Terra, que não é um isolante perfeito, conduz a corrente elétrica gerada pela bateria (Fig. 1.2). Nesse estágio, assume-se que a resistividade do solo é uniforme.

Aplicando a Eq. 1.1 no semiespaço, tem-se:

$$R = \frac{\rho\ r}{2\pi\ r^2} = \frac{\rho}{2\pi\ r} \tag{1.3}$$

Substituindo essa equação em $V = R \cdot I$ (lei de Ohm), resulta em:

$$V = \frac{\rho\ I}{2\pi\ r} \tag{1.4}$$

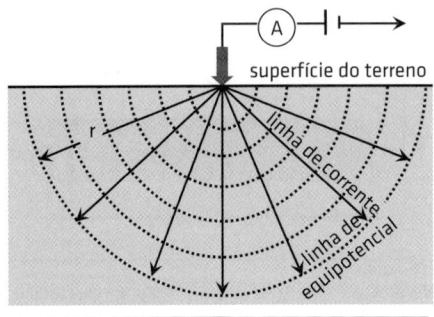

Fig. 1.2 *Potencial no semiespaço*

Portanto, considerando o subsolo com uma resistividade constante, pode-se determinar sua resistividade:

$$\rho = 2\pi \; r \; \frac{V}{I} \quad (1.5)$$

em que: V = potencial elétrico; I = intensidade de corrente; ρ = resistividade; e r = distância entre o eletrodo de corrente e o ponto no qual o potencial é medido.

Ao se conectar um voltímetro a dois eletrodos, um localizado próximo ao de corrente e outro mais afastado (distância r), é possível medir a diferença de potencial (ΔV) entre esses dois locais (Fig. 1.3).

Ocorre que, na prática, esse procedimento não é usual, devido à grande distância entre os dois eletrodos de corrente, sendo adequada a redução dessa distância entre os eletrodos. Então, a configuração usual consiste na utilização de quatro eletrodos (AMNB), mantidos conforme a Fig. 1.4.

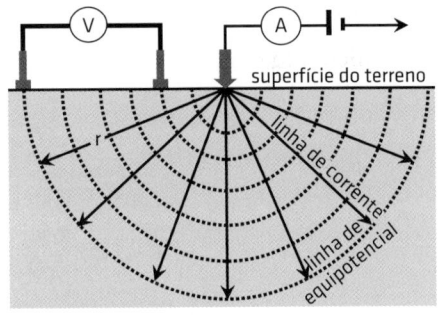

FIG. 1.3 *Diferença de potencial*

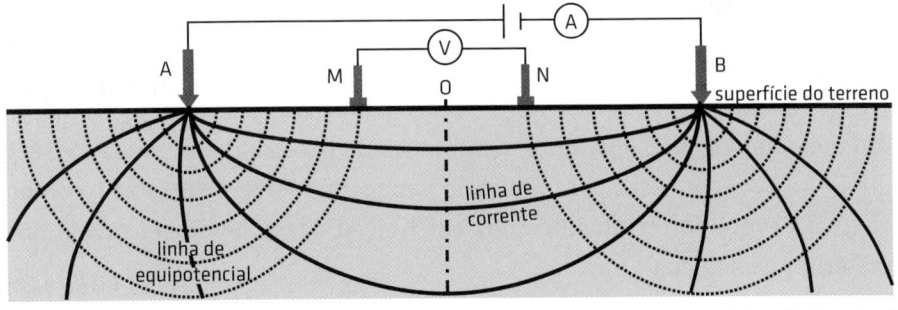

FIG. 1.4 *Configuração tetraeletródica usual de campo*

Nesse tipo de configuração, um par de eletrodos serve para introduzir a corrente elétrica no solo (A e B), enquanto o outro par é utilizado para medir a diferença de potencial estabelecida entre eles (M e N). Ao supor que o meio investigado é homogêneo e isotrópico e utilizando-se a Eq. 1.4, o potencial resultante desse campo elétrico criado nos eletrodos M e N, respectivamente, será dado por:

$$V_M = \frac{I\rho}{2\pi}\left(\frac{1}{AM} - \frac{1}{BM}\right) \quad (1.6)$$

$$V_N = \frac{I\rho}{2\pi}\left(\frac{1}{\overline{AN}} - \frac{1}{\overline{BN}}\right) \quad (1.7)$$

A *diferença de potencial* medida para determinada posição dos eletrodos MN será $DV_{MN} = V_M - V_N$, assim:

$$\Delta V_{MN} = \frac{I\rho}{2\pi}\left(\frac{1}{\overline{AM}} - \frac{1}{\overline{BM}} - \frac{1}{\overline{AN}} + \frac{1}{\overline{BN}}\right) \quad (1.8)$$

Pode-se, então, calcular o valor da resistividade do meio investigado mediante a Eq. 1.9, sendo K o coeficiente geométrico entre os quatros eletrodos, calculado pela Eq. 1.10.

$$\rho = K\frac{\Delta V}{I} \quad (1.9)$$

$$K = 2\pi\left(\frac{1}{\overline{AM}} - \frac{1}{\overline{BM}} - \frac{1}{\overline{AN}} + \frac{1}{\overline{BN}}\right)^{-1} \quad (1.10)$$

Portanto, o uso do método da eletrorresistividade é condicionado à potência ou capacidade do equipamento em introduzir corrente elétrica no solo a diferentes profundidades de investigação e calcular as resistividades dos materiais geológicos a essas várias profundidades.

Ao utilizar o mesmo arranjo de eletrodos para efetuar medições sobre um meio homogêneo (Fig. 1.5A), a diferença de potencial observada ΔV será diferente da registrada sobre um meio heterogêneo (Fig. 1.5B), pois o campo elétrico deverá sofrer modificações em função dessa heterogeneidade dos materiais geológicos.

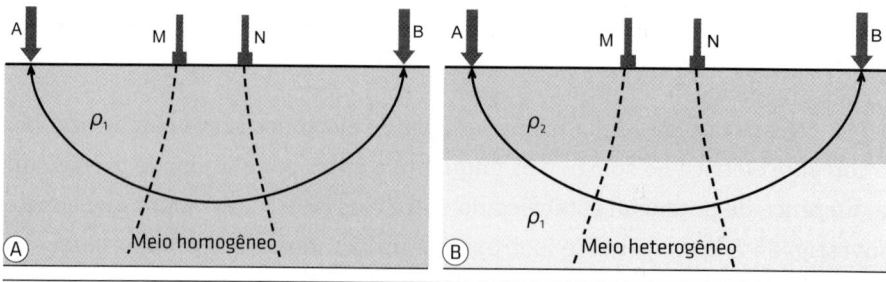

FIG. 1.5 *Resistividade em meios (A) homogêneos e (B) heterogêneos*

Como na prática o solo não pode ser considerado um meio homogêneo, a quantia medida é influenciada por todas as resistividades verdadeiras em um volume de material relativamente grande. Portanto, ao efetuar as medições pertinentes, obtém-se uma *resistividade aparente* (r_a), a qual é uma variável que expressa o resultado de medições de alguns dos métodos geoelétricos, tomada como base para a interpretação final. As dimensões da resistividade aparente, em virtude de sua definição, são as mesmas que para a resistividade, e sua unidade será também Ωm.

A resistividade de uma rocha é influenciada por vários fatores, dentre os quais se podem citar como principais: a resistividade dos minerais, líquidos e gases que preenchem os poros da rocha; teor de umidade, porosidade e a forma de distribuição dos poros da rocha; textura e compactação. Em rochas em que predomina a propagação de campo elétrico por condutividade iônica, a resistividade é inversamente proporcional à saturação em água, à salinidade e à conectividade dos poros. Praticamente todas as rochas possuem vazios em proporções variadas que podem estar preenchidos, total ou parcialmente, por eletrólitos que, em conjunto, apresentam comportamento de condutores iônicos.

Portanto, a resistividade das rochas depende de vários fatores para atribuição de um único valor para um determinado tipo litológico. Rochas de mesma natureza podem apresentar resistividades influenciadas pelas condições locais, como: conteúdo em água; condutividade da água; e tamanho dos grãos, porosidade, metamorfismo, efeitos tectônicos etc. Um mesmo tipo litológico pode apresentar uma ampla gama de variação nos valores de resistividade. A Fig. 1.6 apresenta as variações típicas nos valores de resistividade para sedimentos não saturados, saturados e rochas diversas.

Para uma correlação adequada entre a Geofísica e a Geologia, em uma determinada área de estudo, é fundamental a localização geográfica e o entendimento da geologia local em termos estratigráficos. Entretanto, para a interpretação dos dados do método da eletrorresistividade, alguns critérios para efetuar a associação resistividade/litologia podem ser observados e seguidos:

a) em uma área estudada, as margens de variação são bem mais reduzidas e, em geral, podem identificar as rochas de acordo com as resistividades;

b) com base em dados coletados previamente (sondagens elétricas paramétricas, perfilagens elétricas, mapeamento geológico, perfis geológicos confiáveis etc.), o modelo final pode ser determinado.

As resistividades das águas de saturação dos materiais geológicos podem apresentar uma variação muito ampla, mas de baixos valores. Na maioria dos casos, soluções aquosas contêm diversos sais minerais dissolvidos, sendo um dos principais o cloreto de sódio (NaCl). A resistividade das águas é inversamente proporcional à concentração desses sais dissolvidos. A quantidade e composição químicas desses sais dependem da natureza das rochas nas quais as águas tenham percolado em seu fluxo superficial ou subterrâneo. Como a maioria das rochas existentes na natureza é constituída por silicatos e carbonatos, os quais são considerados praticamente isolantes em termos de propagação da corrente elétrica, essas rochas seriam más condutoras de eletricidade, embora o conteúdo em água altere essa condição.

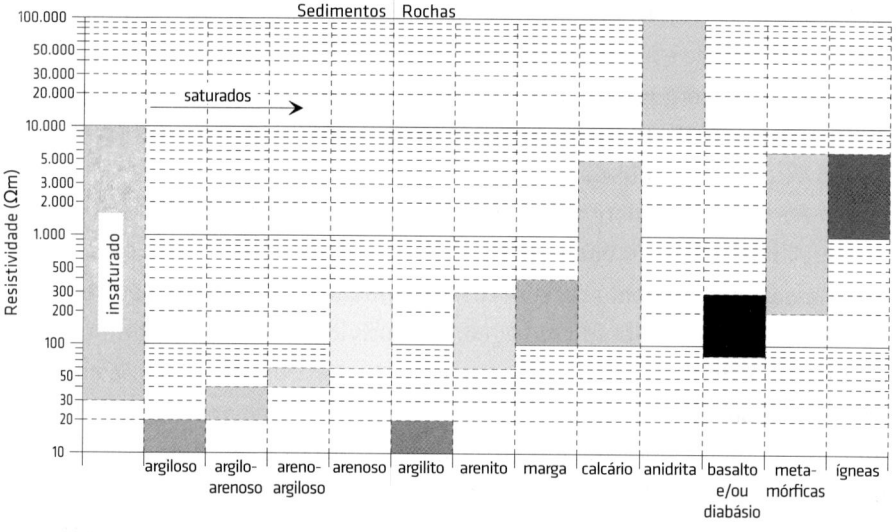

FIG. 1.6 *Faixas de variações nos valores de resistividade*

A relação entre a resistividade total das rochas e o eletrólito que preenche seus poros pode ser determinada pelo coeficiente F (*Fator de formação*) por meio de: $F = r_r / r_a$, em que ρ_r é a resistividade média da rocha (matriz e poros incluídos) e ρ_a, a resistividade da solução de saturação dos poros. O fator de formação é um coeficiente importante em estudos de resistividade em solos e rochas, podendo proporcionar, com base em levantamentos geofísicos por eletrorresistividade, uma estimativa bastante adequada de porosidade em diferentes formações geológicas. Os trabalhos de Griffiths (1976), Kelly (1977a, 1977b), Niwas e Singhal (1981) e Orellana (1972) discorrem sobre a utilização da resistividade na determinação da porosidade e permeabilidade das rochas.

Como se discutiu, pode-se concluir que as resistividades das rochas dependem, realmente, de inúmeros fatores e podem apresentar uma ampla gama de variação. A resistividade de solos saturados segue os padrões descritos anteriormente, identificando e caracterizando os diferentes tipos de materiais geológicos localizados em subsuperfície. Entretanto, quando os solos estão secos, porção localizada acima do nível d'água, seus valores são considerados atípicos, apresentando uma ampla faixa de valores, podendo variar, por exemplo, de 100 a 10.000 Ωm, para um mesmo tipo litológico. Dessa maneira, na zona não saturada, a resistividade não possibilita a identificação dos materiais em termos litológicos.

1.2 MÉTODO DA POLARIZAÇÃO INDUZIDA

O fenômeno físico de polarização induzida (IP) é gerado pela concentração de cargas elétricas na interface sólido-líquido entre um mineral metálico que realize troca iônica (argilominerais) e a solução eletrolítica, que permeia os poros das rochas. É um fenômeno que ocorre a baixas frequências, de grande relevância para a exploração geofísica de recursos minerais, águas subterrâneas e hidrocarbonetos.

Quando uma corrente elétrica introduzida no subsolo é interrompida, o campo elétrico criado não desaparece instantaneamente, mas de maneira lenta. Essa *polarização induzida* ou residual, também denominada de sobretensão, é de magnitude bastante reduzida, sendo na prática medida tal como uma variação de voltagem em função do tempo ou frequência, denominada, respectivamente, de IP *domínio do tempo* e IP *domínio da frequência*.

No IP domínio do tempo, ao se aplicar, por intermédio de eletrodos de corrente denominados convencionalmente de A e B cravados na superfície do terreno, uma diferença de potencial ΔV primária ao solo é provocada e, consequentemente, uma polarização deste. Essa diferença de potencial primária (ΔV_P) não é estabelecida ou anulada instantaneamente quando a corrente é emitida e cortada em pulsos sucessivos. Ela varia com o tempo na forma de uma curva ΔV_{IP} = f(t). Essa curva liga a assíntota ΔV_P em regime estacionário com a assíntota zero após o corte da corrente (Fig. 1.7). A amplitude de um valor ΔV_{IP} (t) está diretamente ligada à maior ou menor capacidade de polarização do material ou conjunto de materiais em estudo, constituindo-se, portanto, na base do método. Essa capacidade de polarização constitui a susceptibilidade IP dos materiais da terra.

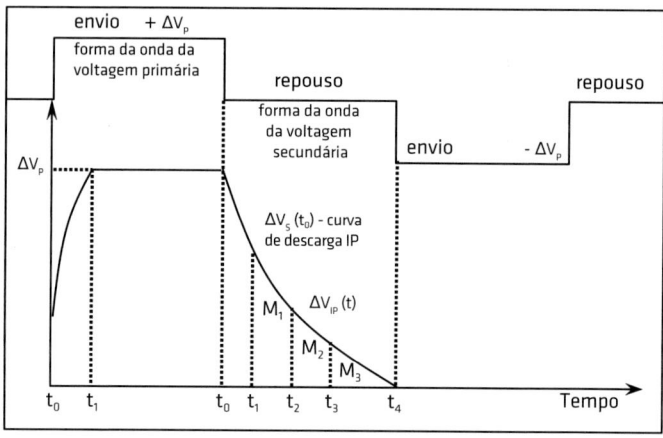

FIG. 1.7   IP domínio do tempo

Analogamente, é possível descrever o fenômeno da polarização induzida como sendo o solo formado por um conjunto de capacitores eletricamente carregados durante a transmissão de corrente, descarregados após o corte dessa fonte de energia. A curva $\Delta V_{IP} = f(t)$ poderia ser chamada então de *curva de descarga IP*. Os fenômenos físico-químicos que explicam a polarização induzida são muito complexos, sendo que a maior parte dos autores concorda em distinguir duas origens possíveis para a polarização induzida: polarização metálica ou eletrônica e polarização de membrana.

 Conferir o infográfico "Métodos da eletrorresistividade e polarização induzida".

1.2.1   Polarização metálica ou eletrônica

Na superfície de um corpo ou partícula metálica submetida a uma corrente elétrica, ocorre uma passagem da condução iônica para a eletrônica e vice-versa. Isso resulta no fato de que em duas superfícies opostas do corpo sejam produzidas concentrações de íons, os quais não cederam suas cargas ao corpo, ou seja, não tomaram elétrons do corpo nem os cederam a ele. Ao se cortar essa corrente, a distribuição dos íons se modifica e volta a seu estado inicial. Contudo, isso leva certo tempo, durante o qual existe uma polarização no corpo, atribuída aos efeitos observados (Fig. 1.8).

Esse fenômeno pode ser utilizado, na prática, na prospecção de minerais metálicos condutores (condutibilidade eletrônica), os quais não precisam apresentar uma boa continuidade elétrica. O fenômeno IP é tão mais intenso quanto menor a continuidade elétrica entre os grãos minerais, ou seja, diretamente proporcional à disseminação em subsuperfície.

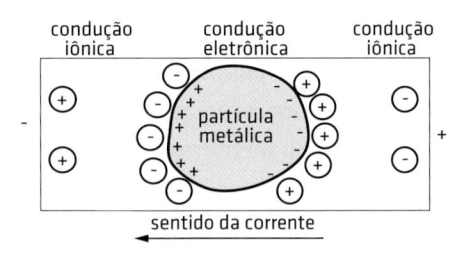

1.2.2 Polarização de membrana ou eletrolítica

Ocorre em rochas com escassez de substâncias metálicas, fenômeno atribuído a uma diferença de mobilidade entre os ânions e cátions, produzida pela presença de minerais de argila (Fig. 1.9). Tais minerais são eletricamente carregados, atraindo uma "nuvem catiônica" que permite a passagem dos portadores positivos, mas não dos negativos, exercendo o efeito de uma membrana. Assim, são produzidos gradientes de concentração, que levam um tempo para desaparecer depois de suprimida a tensão exterior e que originam, portanto, uma sobretensão residual.

FIG. 1.8 Polarização metálica
Fonte: adaptado de Orellana (1974).

Conferir o infográfico "Polarização metálica ou eletrônica".

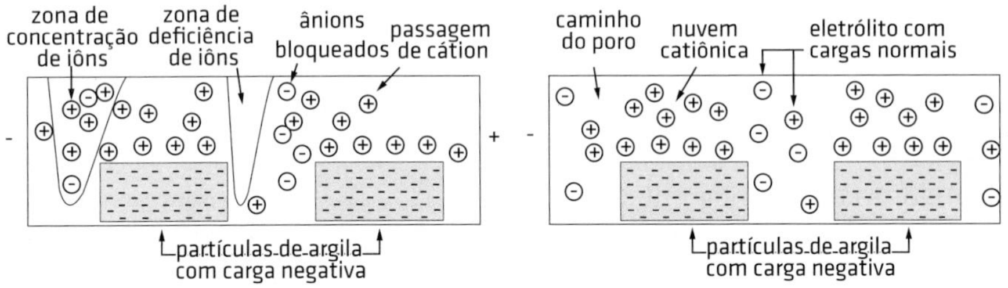

FIG. 1.9 Polarização de membrana: (A) antes e (B) após a aplicação de um campo elétrico
Fonte: adaptado de Ward (1990).

O trabalho de Sumi (1965) relata que a polarização induzida em minerais e rochas não metálicas é causada principalmente pelo *potencial de membrana*, que aparece quando a corrente elétrica circula, através de uma membrana semipermeável (argilominerais), no eletrólito contido nos poros dos materiais. Isso ocorre devido ao fato de essa membrana ser permeável somente para cátions. Segundo o autor referido, os minerais polieletrolíticos reagem com os eletrólitos de tal maneira que a troca de íons na solução ocorreria entre ambos. Argilominerais possuem a propriedade de conservar certos ânions e cátions durante a troca, atuando, portanto, como membranas semipermeáveis. Essa polarização da membrana ocorre também *após* o corte do campo elétrico aplicado, até que a concentração de equilíbrio seja novamente obtida.

Para o entendimento das variações da resistividade e cargabilidade com a litologia dos materiais, pode-se utilizar o trabalho de Draskovits et al. (1990). Esses autores, após uma correlação geológica-geoelétrica, obtida por meio das técnicas de campo, da sondagem elétrica vertical e perfilagem elétrica IP resistividade, apresentaram as seguintes conclusões:

a) a resposta IP em camadas com misturas de areias e argilas é relativamente maior que a resposta em camadas argilosas puras;
b) argilominerais puros apresentam baixa resistividade e baixa polarização;
c) camadas arenosas apresentam alta resistividade e cargabilidade intermediária;
d) camadas siltosas apresentam alta polarização e resistividade intermediária.

Existem na literatura diversas proposições de parâmetros para expressar as observações da polarização induzida. No IP domínio do tempo, a curva de descarga $\Delta V_{IP} = f(t)$ é o objeto de estudo. A Fig. 1.7, mostrada anteriormente, apresenta a forma da onda primária transmitida e a curva de descarga IP. A curva de descarga pode ser estudada em sua totalidade ou apenas amostrada em alguns intervalos de tempo. O parâmetro medido em IP (Tempo) é chamado de cargabilidade (M) e pode ser expresso em % ou mV/V (Eq. 1.11), ou ainda milissegundos (ms).

$$M = \frac{1.000 \, \Delta V_{IP}}{\Delta V_{P}} \; (mV/V) \qquad (1.11)$$

Como ocorre no método da eletrorresistividade, caso as medidas da polarização induzida sejam efetuadas sobre um terreno cujo subsolo é homogêneo, qualquer das magnitudes definidas acima pode ser utilizada como medida de sua polarização verdadeira. Na prática, como o meio pode ser considerado heterogêneo, o parâmetro resultante das medidas, no IP domínio do tempo, é denominado de *cargabilidade aparente (Ma)*.

Maiores considerações sobre esse método geoelétrico podem ser encontrados em Summer (1976). Nesse trabalho, o autor apresenta os conceitos básicos e teóricos que envolvem esse fenômeno. Outro trabalho aplicando esse método, nesse caso em prospecção de água subterrânea, pode ser encontrado em Vacquier (1957).

> Conferir o infográfico "Polarização de membrana".

1.3 Método do potencial espontâneo

É um método geoelétrico de campo natural, baseado no fato de que em determinadas condições, heterogeneidades condutoras do subsolo são naturalmente polarizáveis e convertida em verdadeiras "pilhas" elétricas que originam, no subsolo, correntes elétricas. Essas correntes produzem uma distribuição de potenciais observáveis na superfície do terreno, e que indicariam a presença do corpo polarizado. O potencial natural ou espontâneo (SP) é causado por atividades eletroquímicas ou mecânicas. O fluxo da água subterrânea é o agente mais importante no mecanismo de geração de SP.

A causa desse fenômeno do potencial natural pode ser explicada através de reações eletroquímicas que ocorrem na interface corpo metálico-rocha encaixante, localizado acima e abaixo do nível freático, servindo de enlace elétrico entre a zona não saturada e saturada (Fig. 1.10A). As substâncias dissolvidas ao redor da parte superior do corpo metálico sofrem redução tomando elétrons, enquanto na parte inferior as substâncias cedem elétrons ao corpo (Sato; Mooney, 1960).

Dentre os vários fenômenos descritos na literatura para conceituar esse método, um dos principais, causador dos potenciais naturais, é o de potencial de filtração (Orellana, 1972). O fenômeno que origina esses potenciais é denominado *potenciais de fluxo* ou eletrofiltração e consiste na produção de um campo elétrico pelo movimento de eletrólitos (águas subterrâneas) no subsolo. São conhecidos dois tipos de eletrofiltração: *per ascensum* e *per descensum*. Este último corresponde à infiltração de águas por meio de terrenos permeáveis ou ao longo de fraturas/falhas nas rochas. Como a água tende a arrastar os cátions, aparecem anomalias negativas em locais de pouca saturação e anomalias positivas em locais saturados (Fig. 1.10B).

Este método pode ser utilizado para estudos ambientais, por exemplo, na determinação das direções de fluxo d'água subterrânea e no mapeamento de plumas de contaminação. O equipamento utilizado restringe-se apenas ao circuito de recepção ou a um voltímetro de alta impedância e o parâmetro medido é o potencial natural (mV). Sua interpretação é efetuada tanto por meio de mapas como de perfis de isovalores de potencial. A coleta de dados é simples e de rápida execução, pois envolvem apenas dois eletrodos e o campo medido é natural, não necessitando de equipamentos geradores de campo elétrico.

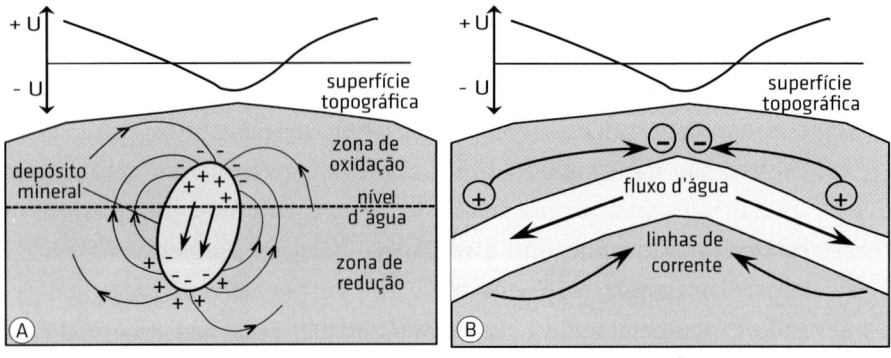

FIG. 1.10 *Origem dos potenciais naturais*
Fonte: adaptado de Iakubovskii e Liajov (1980).

No desenvolvimento do método do potencial espontâneo e da polarização induzida, no qual os valores dos potenciais lidos são muito baixos, a utilização de eletrodos metálicos para medidas do potencial (M e N) possibilita a geração do fenômeno da polarização no contato solo/eletrodo e, normalmente, induz erros nas leituras do potencial analisado.

Visando minimizar esses efeitos de polarização do solo, recomenda-se a utilização de eletrodos impolarizáveis cerâmicos de base porosa, parcialmente saturados, com solução aquosa de sulfato de cobre e conectados à linha de medição por meio de placas de cobre eletrolítico (Fig. 1.11). A solução de $CuSO_4$ entra em contato com o solo por uma parte inferior porosa do eletrodo. Esse procedimento permite que os efeitos de polarização nos eletrodos sejam anulados.

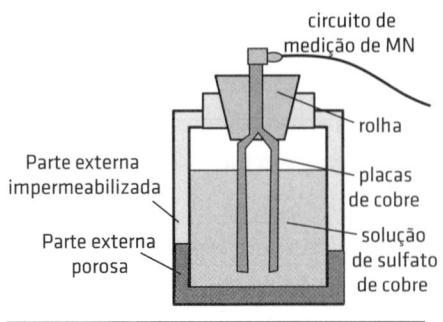

FIG. 1.11 *Eletrodo impolarizável*

1.4 Parâmetros de Dar Zarrouk

Nas discussões teóricas sobre os meios condutores estratificados, determinados parâmetros têm fundamental importância

> Conferir o infográfico "Método do potencial espontâneo".

na interpretação e no entendimento do modelo geoelétrico para uma determinada situação geológica. Tais parâmetros resultam da combinação, por meio de multiplicação ou divisão, da espessura e resistividade de cada camada geoelétrica obtida no modelo (Henriet, 1975; Koefoed, 1979a; Maillet, 1947; Zohdy, 1965).

Considerando uma seção geoelétrica, como a indicada na Fig. 1.12, em que ρi é a resistividade e Ei é a espessura da camada, a corrente elétrica ao fluir no subsolo pode seguir dois caminhos preferenciais: um perpendicular e outro paralelo à estratificação.

No *fluxo perpendicular* à estratificação, as diferentes camadas comportam-se como condutores em série, cujas resistências são somadas. Portanto, a resistência de uma camada i, sendo L seu comprimento e S sua seção transversal, será dada por:

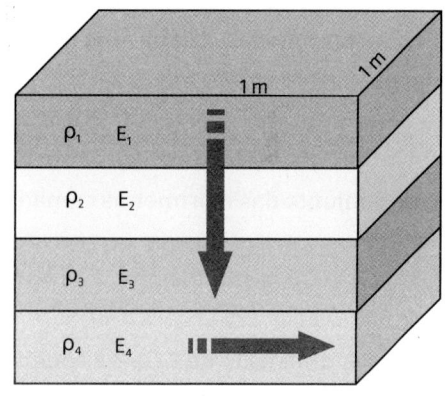

FIG. 1.12 *Fluxo da corrente elétrica no meio geológico*

$$R_i = \rho_i \frac{L}{S} = \rho_i \frac{E_i}{1 \times 1} = \rho_i E_i \qquad (1.12)$$

Esse produto é denominado de resistência transversal unitária T, resultando, portanto:

$$T_i = \rho_i E_i \qquad (1.13)$$

O conjunto das n primeiras camadas corresponderá à resistência total:

$$T_i = \sum_i \rho_i E_i \qquad (1.14)$$

A dimensão de T é a de uma resistividade por uma longitude e sua unidade é Ωm^2.

No *fluxo de corrente paralelo* à estratificação, a resistência da camada i será:

$$R_i = \rho_i \frac{L}{S} = \rho_i \frac{1}{E_i \times 1} = \frac{\rho_i}{E_i} \qquad (1.15)$$

Assim, essas resistências não podem ser somadas, por estarem em paralelo, portanto é conveniente passar às suas inversas – *condutâncias* –, visto que estas possuem a propriedade aditiva. Ao denominar Si a condutância da camada i, obtém-se a condutância longitudinal unitária S, ou seja:

$$S_i = \frac{E_i}{\rho_i} \qquad (1.16)$$

cujo conjunto das n primeiras camadas da seção dará uma condutância total:

$$S_i = \sum_i \frac{E_i}{\rho_i} \qquad (1.17)$$

A dimensão de S é a da condutância, medida em siemens.

Os parâmetros T e S representam a componente vertical e horizontal da resistência. Como, em geral, a direção da corrente no subsolo é oblíqua, devem ser consideradas ambas as magnitudes. Pode-se, portanto, introduzir um conceito em função desses parâmetros, ou seja, a *resistividade transversal*, ρ_T, e a *resistividade longitudinal*, ρ_L. A Fig. 1.13 ilustra, de modo geral, a relação entre as resistividades em função da litologia de solos e rochas, sem considerar as profundidades dos materiais em subsuperfície.

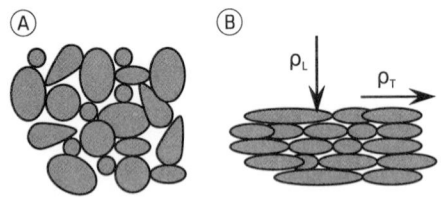

FIG. 1.13 A *resistividade e estrutura mineral*
Fonte: adaptado de Iakubovskii e Liajov (1980).

A Fig. 1.13A apresenta o conjunto mineral e poros da rocha orientados desordenadamente (materiais arenosos); como consequência, a resistividade da rocha será semelhante em qualquer direção. Já a Fig. 1.13B mostra o conjunto mineral e poros deformados e orientados numa direção (materiais argilosos), com a resistividade transversal (ρ_T) maior que a resistividade longitudinal (ρ_L).

A diferença entre essas resistividades é a pseudoanisotropia A. Portanto, as resistividades obtidas refletem as resistividades longitudinais (Iakubovskii; Liajov, 1980). O parâmetro resistência transversal (T) pode ser empregado na avaliação de propriedades hidrogeológicas de aquíferos, tais como a transmissividade; e o parâmetro condutância longitudinal (S) da camada sobrejacente, em estudos sobre a proteção de aquíferos frente a contaminantes. No trabalho de Braga, Malagutti e Dourado (2005), foi aplicado o parâmetro condutância longitudinal para estudo da proteção natural do aquífero livre. Os resultados permitiram identificar áreas de maior vulnerabilidade, com maiores restrições a instalações de fontes possivelmente poluidoras.

Técnica da Sondagem Elétrica Vertical

2

A técnica de sondagem elétrica pode ser do tipo: simétrica ou dipolar. As simétricas, com alinhamento dos eletrodos AMNB constante, são chamadas de *sondagens elétricas verticais*, enquanto as dipolares, com alinhamento variável, são denominadas de *sondagens elétricas dipolares* (Orellana, 1972).

2.1 Sondagem Elétrica Dipolar (SED)

As *sondagens elétricas dipolares* são caracterizadas em função do não alinhamento entre os quatro eletrodos utilizados, apresentando uma configuração irregular com separação crescente entre os centros dos dipolos AM e MN (Fig. 2.1). Existem três tipos de arranjos de desenvolvimento: axial, equatorial e azimutal. A Fig. 2.2 ilustra os arranjos principais e seus coeficientes geométricos ajustados com base na equação geral. Maiores considerações sobre as SEDs podem ser encontradas em Orellana (1972). Essas sondagens são recomendadas principalmente para estudos envolvendo grandes profundidades (por exemplo: > 2.000 m). Nesse caso, recomenda-se iniciar os ensaios com a sondagem elétrica vertical até o AB/2 = 3.000 m, enquanto para valores acima deste sugerem-se ensaios com sondagens dipolares.

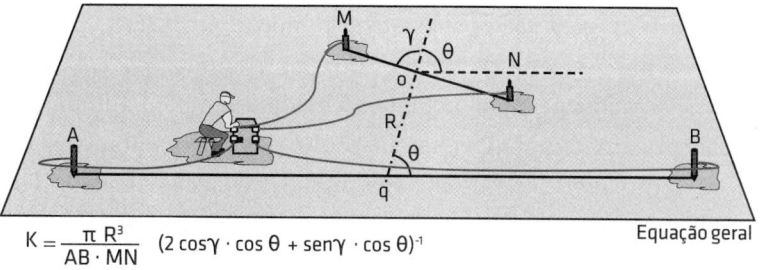

$$K = \frac{\pi R^3}{AB \cdot MN} (2\cos\gamma \cdot \cos\theta + \sin\gamma \cdot \cos\theta)^{-1} \quad \text{Equação geral}$$

FIG. 2.1 *Técnica da sondagem elétrica dipolar*

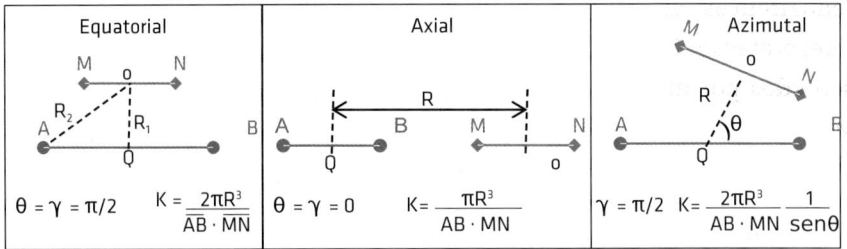

Fig. 2.2 *Principais arranjos de desenvolvimento – SED*

▶ Conferir o infográfico "Sondagem elétrica dipolar".

2.2 Sondagem Elétrica Vertical (SEV)

As *sondagens elétricas verticais* são caracterizadas pelo alinhamento dos quatro eletrodos na mesma direção, com ponto central e movimentação em dois sentidos opostos. Esse tipo de ensaio apresenta excelentes resultados, muito utilizados em estudos rasos aplicados à Geologia de Engenharia, Ambiental, Hidrogeologia etc. Pode ser utilizado também para estudos profundos de cunho acadêmico ou aplicados à Geologia de Petróleo. Para um maior desempenho dessa técnica, as investigações devem ser efetuadas, preferencialmente, em terrenos compostos de camadas lateralmente homogêneas em relação ao parâmetro físico estudado, e limitado por planos paralelos à superfície do terreno – *meio estratificado*.

A técnica da SEV consiste numa sucessão de medidas de um parâmetro geoelétrico (resistividades e/ou cargabilidades aparentes), efetuadas a partir da superfície do terreno, mantendo-se uma separação crescente entre os eletrodos de emissão de corrente (AB) e/ou entre os eletrodos de recepção de potencial (MN). Os eletrodos são alinhados na superfície do terreno de maneira simétrica, e, durante a sucessão de medidas, a direção do arranjo e o *centro do dipolo de recepção de potencial* permanecem fixos (Fig. 2.3).

Com o aumento da distância entre os eletrodos de corrente AB, o volume total da subsuperfície incluída na medida também aumenta, permitindo alcançar camadas cada vez mais profundas. Os resultados sucessivos estarão, portanto, estritamente ligados com as variações da resistividade e/ou cargabilidade em relação à profundidade. A utilização de curvas logarítmicas para representação e interpretação dos dados de campo permite que variações das estruturas geoelétricas representativas sejam realçadas e, por reduzirem os cálculos teóricos para o traçado das curvas-modelos, usadas na interpretação. Os dados geoelétricos, assim obtidos, em cada SEV são representados por meio de curvas bilogarítmicas em função dos espaçamentos adotados entre os eletrodos correspondentes – AB/2 (Fig. 2.4).

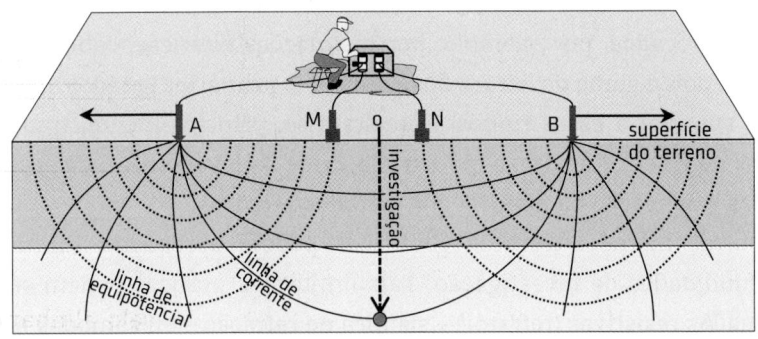

FIG. 2.3   *Técnica da sondagem elétrica vertical*

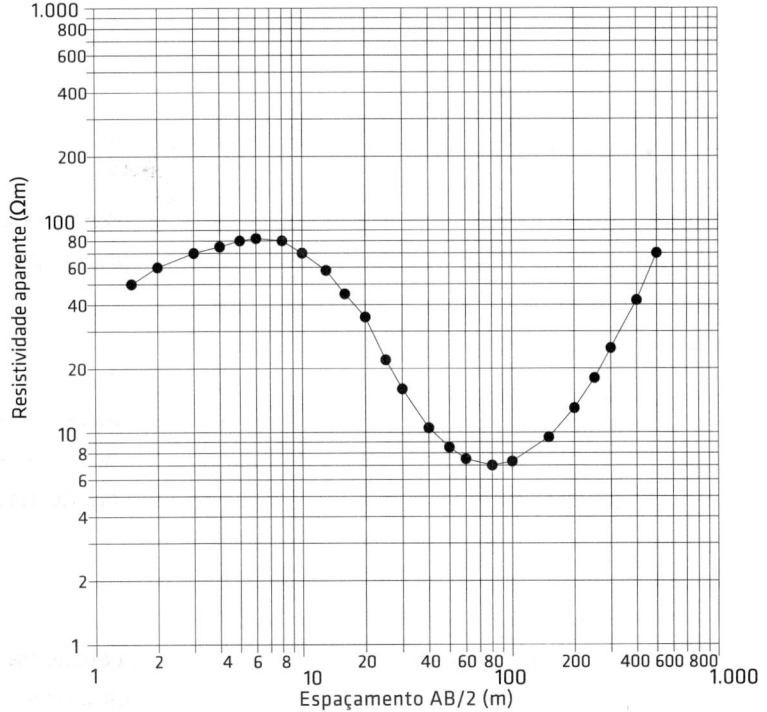

FIG. 2.4   *Plotagem dos dados – SEV*

A SEV apresenta como vantagens principais permitir um recobrimento de extensas áreas, de maneira rápida, com precisão satisfatória, custos relativamente reduzidos e versatilidade em termos de profundidade de investigação, a partir da superfície do terreno, sem alterar as condições e estados naturais dos materiais em superfície e subsuperfície, o que pode ocorrer com as perfurações de poços tubulares. Em relação a outros métodos geofísicos, outra vantagem da SEV diz respeito a sua pouca sensibilidade a "ruídos" provocados, por exemplo, por instalações elétricas, cabos de alta tensão etc., pois a gama de leitura dos potenciais primários gerados, normalmente, é superior a esses ruídos. Ressaltam-se, principalmente, trabalhos efetuados no interior de áreas industriais, onde o elevado nível de "ruídos" inviabiliza a aplicação da maioria dos métodos/técnicas.

Outros métodos/técnicas geofísicos podem apresentar limitações nas profundidades de investigação. Tais limitações práticas podem ser do tipo: camadas resistivas (refrator) – sísmica de refração – ou camadas muito condutivas – Radar de Penetração no Solo (GPR).

 Conferir os infográficos "GPR" e "Métodos sísmicos".

Isso não ocorre na SEV, por meio da qual, independentemente da sequência estratigráfica, é possível alcançar grandes profundidades. Cabe ressaltar ainda que normalmente os equipamentos geofísicos de eletrorresistividade – *resistivímetros* – são o de menor custo em relação a outros equipamentos geofísicos. Como limitações, é possível destacar os efeitos produzidos nos dados de campo por estruturas, por exemplo: tubulações; cabos de alta tensão; cavidades no solo resultantes de formigueiros, cupins ou erosões internas; fugas de corrente no circuito AB; entre outros, os quais podem ser significativos caso localizados próximos aos eletrodos de potenciais MN.

Outra limitação prática das SEVs diz respeito aos espaços disponíveis para o desenvolvimento do arranjo AB, pois, dependendo dos locais de ensaios, não é possível atingir um espaçamento necessário conforme os objetivos programados. Na etapa de processamento dos dados, podem-se destacar, principalmente, os fenômenos da ambiguidade e a precisão e qualidade dos programas utilizados. A disponibilidade de dados geológicos dos locais estudados são fatores de extrema importância. Entretanto, as limitações citadas podem ser minimizadas e/ou eliminadas desde que todos os cuidados recomendados na execução das SEVs sejam observados e seguidos com rigor.

> Conferir o infográfico "Sondagem elétrica vertical (SEV)".

2.2.1 Arranjos de desenvolvimento

Existem dois tipos principais de arranjos de campo para o desenvolvimento da técnica da SEV: *Schlumberger* e *Wenner*. O arranjo Schlumberger pode ser considerado superior, tanto em praticidade como em qualidade dos resultados, e é adotado na maioria dos trabalhos desenvolvidos no Brasil. O Quadro 2.1 apresenta as características de cada arranjo.

Quadro 2.1 Arranjos de desenvolvimento

Arranjo Schlumberger	Arranjo Wenner
- Deslocamento de apenas dois eletrodos (AB).	- Deslocamento dos quatro eletrodos (AMNB).
- Leituras menos sujeitas às interferências produzidas por "ruídos" indesejáveis.	- Leituras mais sujeitas às interferências produzidas por "ruídos" indesejáveis.
- Menos suscetível a erros interpretativos em terrenos não homogêneos.	- Mais suscetível a erros interpretativos devido a heterogeneidades laterais.

Com os quatro eletrodos simetricamente dispostos em relação a um centro O, tem-se a configuração conforme apresentada na Fig. 2.5, na qual AO = OB = L e MN = a.

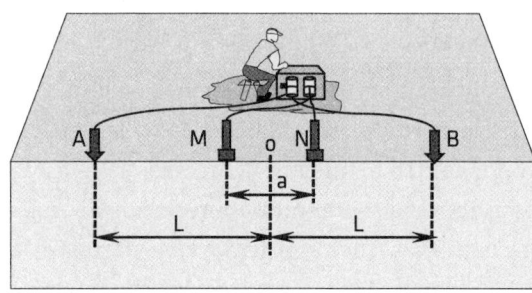

FIG. 2.5 *Arranjos eletródicos simétricos*

Conforme deduzido por Orellana (1972), o cálculo para arranjos eletródicos simétricos, considerando a distância entre os quatro eletrodos igual, AM = MN = NB = a, resulta no *arranjo Wenner*, cuja resistividade aparente pode ser calculada pela Eq. 2.1:

$$\rho_a = 2\pi \; a \; \frac{\Delta V}{I} \qquad (2.1)$$

O coeficiente K para esse arranjo é: 2πa. Esse tipo de arranjo é ideal para medidas da resistividade e/ou resistência do solo para fins, por exemplo, de aterramento de instalações elétricas, onde o objetivo é obter a média dos parâmetros investigados.

Se AO = OB = L e MN = a, tem-se a Eq. 2.2, a equação geral para arranjos lineares simétricos:

$$\rho_a = \pi \left(L^2 - \frac{a^2}{4} \right) \frac{\Delta V}{I \cdot a} \qquad (2.2)$$

O arranjo desse tipo mais utilizado é o *Schlumberger*, o qual consiste num arranjo limite, pois considera que a distância entre os eletrodos M e N se mantenha fixa e tenda a zero em relação à distância crescente de L, resultando na Eq. 2.3:

$$\rho_a = \pi L^2 \frac{\Delta V}{I \cdot a} \qquad (2.3)$$

Portanto, ao se desprezar a expressão (a²/4) na Eq. 2.2, ocorre um erro, o qual pode ser considerado pequeno, insignificante nos cálculos de campo. Para isso, é adotada a norma de que: MN AB/5. Como MN = a e 2L = AB, o erro relativo será de 4% nesse caso. O coeficiente geométrico K para o arranjo Schlumberger simplificado pode ser tomado como:

$$K = \frac{\pi \left(\overline{AM} \cdot \overline{AN} \right)}{\overline{MN}} \qquad (2.4)$$

As leituras com o arranjo Schlumberger estão menos sujeitas às variações laterais no parâmetro físico medido, irregularidades na superfície topográfica e ruídos produzidos por fontes artificiais. Com isso, as leituras de campo apresentam maior precisão, resultando numa interpretação mais próxima da realidade e coerente com os princípios gerais que norteiam a técnica da SEV. A Fig. 2.6 ilustra os arranjos Wenner e Schlumberger para o desenvolvimento da técnica de investigação da sondagem elétrica vertical.

2.2.2 Programação dos trabalhos e aquisição dos dados

Para a programação de uma campanha por meio de SEV, além de uma visita prévia na área de estudo, é importante dispor de alguns dados gerais, tais como: mapas topográficos e geologia em detalhe (dados de poços) e outras informações sobre a infraestrutura, por exemplo, vias de comunicação, instalações industriais, redes de energia elétrica etc. Os mapas devem estar em escala adequada ao trabalho a ser executado e os dados de poços devem ser confiáveis. Outra condição para o uso adequado dessa técnica diz respeito à topografia. Em terrenos com inclinação muito acentuada, consideradas suas dimensões em relação aos espaçamentos dos eletrodos utilizados, os dados podem ser imprecisos e até inviabilizar os trabalhos. O mergulho das camadas geológicas em relação à superfície do terreno também deve ser considerado.

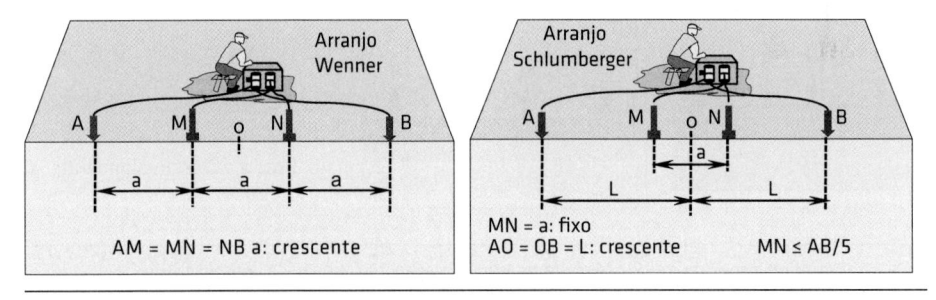

FIG. 2.6 *Arranjos Wenner e Schlumberger*

Conferir os infográficos "Arranjo Schlumberger" e "Arranjo Werner".

A Fig. 2.7 ilustra situações inadequadas em relação à topografia do terreno (Fig. 2.7A), o mergulho acentuado das camadas (Fig. 2.7B, C), além de situações adequadas ao desenvolvimento das SEVs (Fig. 2.7D). A programação de uma campanha de SEV inclui, além das questões de organização, logística, infraestrutura etc., a escolha da *densidade* das medições – malha adotada – a determinação da *profundidade de investigação* e o consequente *espaçamento AB final*.

2.2.3 Densidade dos ensaios – malha de investigação

A distância entre os centros de SEVs contínuas – malha adotada – depende, por um lado, do caráter e fase da investigação e, por outro, das estruturas geológicas existentes. Na medida do possível, deve-se iniciar por um levantamento de caráter regional e posteriormente detalhar os locais de maior interesse. Para estabelecer uma malha de ensaios, estimando a quantidade de SEVs (y) a serem executadas em função da profundidade de investigação (m) e das dimensões da área de estudo (m²), pode-se utilizar a Eq. 2.5.

$$y = \left(\frac{\sqrt{\text{área}}}{2 \, \text{prof.}_{\text{inv.}}} \right)^2 \qquad (2.5)$$

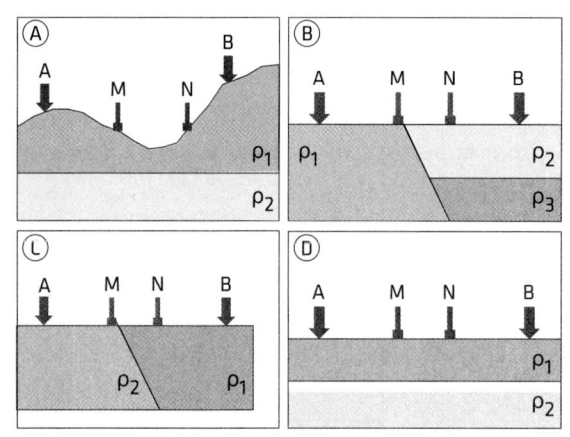

FIG. 2.7 *Desenvolvimento – SEV*

Conferir o infográfico "SEV - Schlumberger - Locação e expansão da linha AMNB".

Entretanto, a programação deve aliar, além da qualidade e segurança dos resultados, prazos disponíveis e custos. Em áreas de grandes dimensões, com profundidades de investigação relativamente pequenas, as relações anteriores podem ser inviáveis, tanto economicamente como em termos de prazos. Outra das dificuldades encontradas na programação, principalmente envolvendo profissionais inexperientes, diz respeito às relações entre as dimensões da área de estudo e escala adequada a ser utilizada, ou seja, quais os tipos de escala mais adequados para representar uma anomalia em níveis de detalhes diferenciados. Portanto, as relações entre as *dimensões* da área de estudo e a *escala* do trabalho devem ser consideradas na definição da malha ideal.

Como contribuição na programação de uma campanha de SEV, a Fig. 2.8 apresenta um ábaco, que pode ser utilizado como um indicativo inicial para orientar a quantidade de ensaios a serem desenvolvidos em uma determinada área de trabalho.

A utilização do ábaco é simples:
i) de posse das dimensões da área de pesquisa (metros quadrados), deve-se encontrar a reta correspondente;

ii) ao longo dessa reta, selecionar a escala de trabalho;
iii) tomar o valor correspondente ao eixo y – *quantidade de SEVs recomendadas*. É indicado um número mínimo de três ensaios.

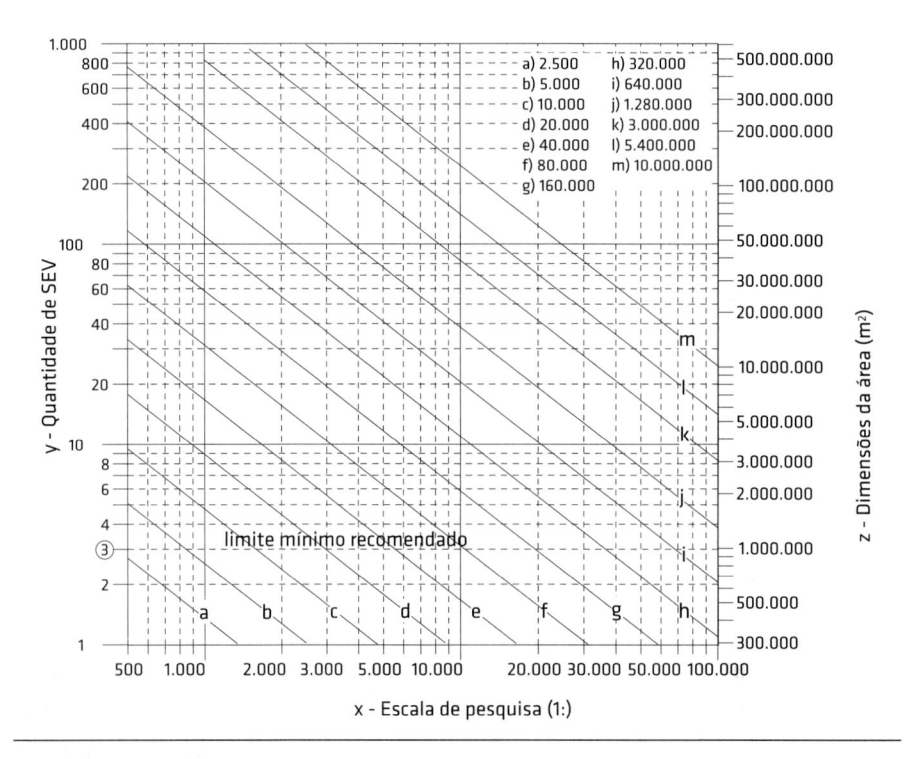

FIG. 2.8 Densidade de ensaios/escala – programação de SEV

> Conferir a planilha "Densidade", que, em função das dimensões da área de trabalho, sugere a escala e a quantidade de ensaios mais adequados da técnica da sondagem elétrica vertical (metodologia pode ser adaptada e utilizada na locação de poços de monitoramento, por exemplo).

O ábaco foi elaborado considerando áreas de trabalho até 10 km². Isso se deve ao fato de a grande maioria dos trabalhos, para fins hidrogeológicos e ambientais, apresentar áreas menores que esse limite estabelecido, e a metodologia de cálculo deve ser mudada para áreas maiores. Para estimar a escala adequada de trabalho em função da área a ser estudada, a Eq. 2.6 pode ser utilizada, sendo seus valores finais ajustados. Por meio das Eqs. 2.7 e 2.8, a metodologia anterior pode ser sintetizada, incluindo áreas maiores que as do ábaco, estimando-se a quantidade de SEVs em função das dimensões da área de pesquisa e das *escalas sugeridas ajustadas*, simultaneamente.

Quanto às quantidades de SEVs, estas devem ser aproximadas, facilitando a programação. Deve-se ressaltar, entretanto, que a escala e a quantidade de ensaios finais estarão sempre ligadas às especificidades de cada projeto. A Tab. 2.1 apresenta as equações para estimar a escala e a quantidade de SEVs em função das dimensões da área de trabalho.

TAB. 2.1   ESCALA E QUANTIDADE DE SEVs

Área (km²)	Escalas sugeridas (1:)		Quantidade de SEVs	
≤ 10	$x = 20\ z^{0,3941}$	(2.6)	$y = (x^{-1})(1,14\ z^{0,905})$	(2.7)
> 10			$y = (x^{-2})(16,7\ z^{1,05})$	(2.8)

y = quantidade de SEVs recomendadas; x = escala de trabalho; e z = área de pesquisa (m²).

A Fig. 2.9 ilustra a programação da sondagem elétrica vertical (arranjo Schlumberger), incluindo a escala sugerida em função das dimensões da área de trabalho e a quantidade de ensaios adequados.

2.2.4 ESPAÇAMENTOS RECOMENDADOS

Os espaçamentos dos eletrodos AB e MN a serem utilizados em um levantamento de SEV são relevantes e, muitas vezes, fundamentais. Dependendo do espaçamento, pode ocorrer que uma camada de pequena espessura não seja identificada em uma curva de campo. Como já ressaltado, a identificação das camadas geoelétricas em uma curva de campo de SEV depende, além da existência de contrastes entre as propriedades físicas da camada com as adjacentes, da relação de sua espessura com a profundidade em que essa camada ocorre. Portanto, o espaçamento ideal para os eletrodos AB deve apresentar um bom detalhamento, sem, entretanto, ser exagerado.

Os espaçamentos devem manter o limite da relação MN ≤ AB/5 (Schlumberger), pois, dessa maneira, trabalha-se com potenciais mais elevados, reduzindo os efeitos perturbadores dos potenciais indesejáveis. A Tab. 2.2 apresenta a relação entre os espaçamentos AB/2 e MN/2 recomendados para um levantamento de SEV com AB/2 até 500 m (em destaque). Para espaçamentos AB maiores, seguem-se múltiplos de dez e os MN no limite da relação Schlumberger.

2 TÉCNICA DA SONDAGEM ELÉTRICA VERTICAL 41

1- Sondagem Elétrica Vertical (SEV) - Arranjo Schlumberger

| Dimensões da área de trabalho (m²): | 100.000,00 | Escala de trabalho sugerida: | 1: | 1.869 | (em função das dimensões da área de trabalho) |

Quantidade de SEVs sugeridas em função das dimensões da área de trabalho e escala ajustada:

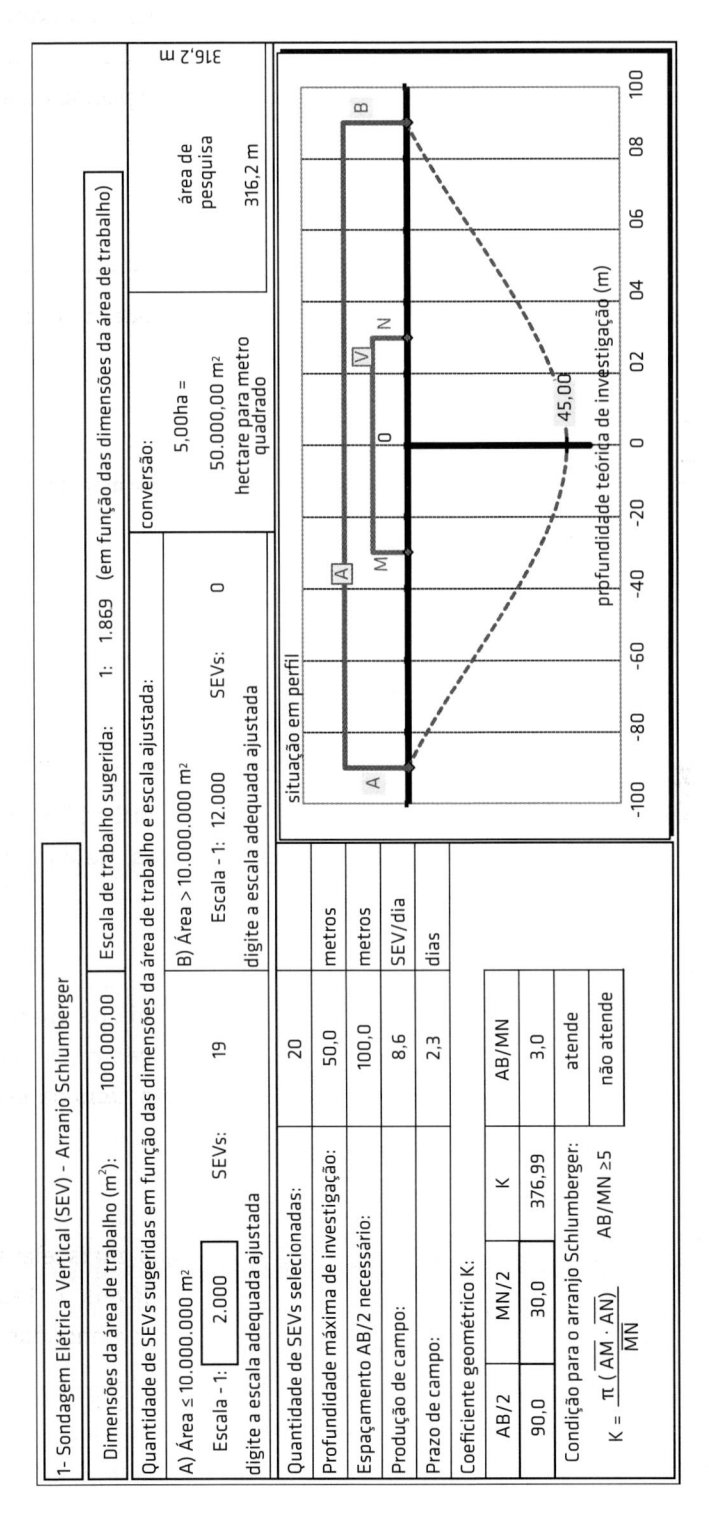

A) Área ≤ 10.000.000 m²			B) Área > 10.000.000 m²		conversão:	
Escala - 1:	2.000	SEVs: 19	Escala - 1: 12.000	SEVs: 0	5,00ha = 50.000,00 m²	área de pesquisa
digite a escala adequada ajustada			digite a escala adequada ajustada		hectare para metro quadrado	316,2 m

Quantidade de SEVs selecionadas:	20	
Profundidade máxima de investigação:	50,0	metros
Espaçamento AB/2 necessário:	100,0	metros
Produção de campo:	8,6	SEV/dia
Prazo de campo:	2,3	dias

Coeficiente geométrico K:

AB/2	MN/2	K	AB/MN
90,0	30,0	376,99	3,0

Condição para o arranjo Schlumberger:	atende
$K = \pi \dfrac{(\overline{AM} \cdot \overline{AN})}{\overline{MN}}$ AB/MN ≥ 5	não atende

FIG. 2.9 *Programação de SEV*

Tab. 2.2   Espaçamentos recomendados – SEV/Schlumberger

AB/2 (m)	MN/2 (m) 0,30	2,0	5,0	10,0	20,0	40,0	60,0	80,0
1,5	11,31							
2,0	20,47							
3,0	46,65							
4,0	83,30							
5,0	130,43							
6,0	188,02							
8,0	334,63							
10,0	523,13	75,40						
13,0	884,41	129,59						
16,0	1.339,94	197,92						
20,0	2.093,92	311,02						
25,0	3.272,02	487,73	188,50					
30,0	4.711,91	703,72	274,89					
40,0	8.377,10	1.253,50	494,80					
50,0	13.089,49	1.960,35	777,54	376,99				
60,0	18.849,07	2.824,29	1.123,12	549,78				
80,0	33.509,82	5.023,41	2.002,77	989,60				
100,0	52.359,36	7.850,84	3.133,74	1.555,09	753,98			
150,0	117.809,15	17.668,32	7.060,73	3.518,58	1.735,73			
200,0	209.438,86	31.412,78	12.558,52	6.267,48	3.110,18	1.507,96		
300,0	471.238,03	70.682,69	28.266,48	14.121,46	7.037,17	3.471,46	2.261,95	
400,0	837.756,86	125.660,56	50.257,63	25.117,03	12.534,95	6.220,35	4.094,54	3.015,93
500,0	1.308.995,36	196.346,40	78.531,96	39.254,20	19.603,54	9.754,65	6.450,74	4.783,07

2.2.5 Profundidade de investigação e espaçamento AB final

Na técnica das SEVs, com o aumento do espaçamento entre os eletrodos de corrente A e B, a profundidade de investigação também aumenta. Entretanto, a corrente injetada apresenta um fluxo na forma de um arco conectado aos dois eletrodos A e B (Fig. 2.10). Caso o material em subsolo apresente resistividade constante, aproximadamente 50% da corrente fluindo através das rochas apresentarão profundidades mais rasas que o espaçamento entre os eletrodos de corrente. Portanto, a profundidade teórica de investigação pode ser tomada como sendo AB/4. Na prática, dependendo da resistividade, principalmente das primeiras camadas, essa relação pode ser alterada. Em casos nos quais as resistividades são muito elevadas, pode-se dobrar esse espaçamento.

Com base na definição das profundidades de investigação requeridas, é possível programar os espaçamentos AB mínimos necessários aos objetivos propostos. Esse fato está diretamente ligado aos custos e prazos de uma campanha. A Tab. 2.3 apresenta algumas profundidades de investigação, seus espaçamentos AB/2 teóricos requeridos, produção média SEV/dia (condições normais) e equipes necessárias.

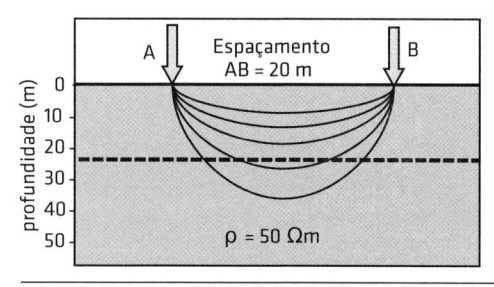

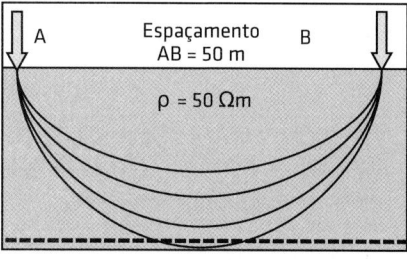

FIG. 2.10 *Profundidade de penetração – SEV*

TAB. 2.3 PRODUÇÃO E EQUIPE NECESSÁRIA – SEV

Profundidade de investigação (m)	Espaçamento AB/2 requerido (m)	Produção SEV/dia	Equipe de campo
50	100	8 a 10	Um geofísico; dois ajudantes
250	500	2 a 3	Um geofísico; três ajudantes
500	1.000	1 a 2	Um geofísico; cinco ajudantes

Na prática, alguns procedimentos podem ser seguidos para escolher sobre o AB final: i) basear-se em resultados de campanhas anteriores realizadas na área ou em áreas geologicamente semelhantes; ii) efetuar algumas SEVs em pontos estratégicos da área ou junto a poços que contenham descrições confiáveis; iii) tomar a relação AB/4 e prosseguir as leituras até o mínimo de três pontos na curva de campo, após atingir o objetivo esperado (Fig. 2.11). A curva da Fig. 2.11A apresenta um caso cujo objetivo foi determinar a profundidade do nível d'água, já a curva da Fig. 2.11B ilustra um caso cujo objetivo foi definir o topo da rocha sã – granito.

Em estudos aplicados na Hidrogeologia, as profundidades solicitadas visando à captação de águas subterrâneas, de modo geral, situam-se entre 100 m e 500 m. Portanto, a técnica a ser utilizada não pode apresentar limitações, principalmente quando envolve profundidades de investigação dessa ordem, sendo a técnica da SEV – arranjo Schlumberger – superior às demais, tanto na resolução quanto na penetração. A Fig. 2.12 apresenta um exemplo de uma SEV, cujos objetivos foram o de determinar o topo do embasamento cristalino, em áreas de afloramento das rochas sedimentares da bacia do Paraná.

Em profundidades de investigação maiores que 2.500 m (espaçamento teórico AB/2 = 5.000 m), as SEVs – arranjo Schlumberger – podem ser improdutivas em termos de rendimento de campo. Nesse caso, são recomendadas as sondagens elétricas dipolares – arranjo equatorial. Iniciam-se os trabalhos com o arranjo Schlumberger e posteriormente aplicação do arranjo equatorial.

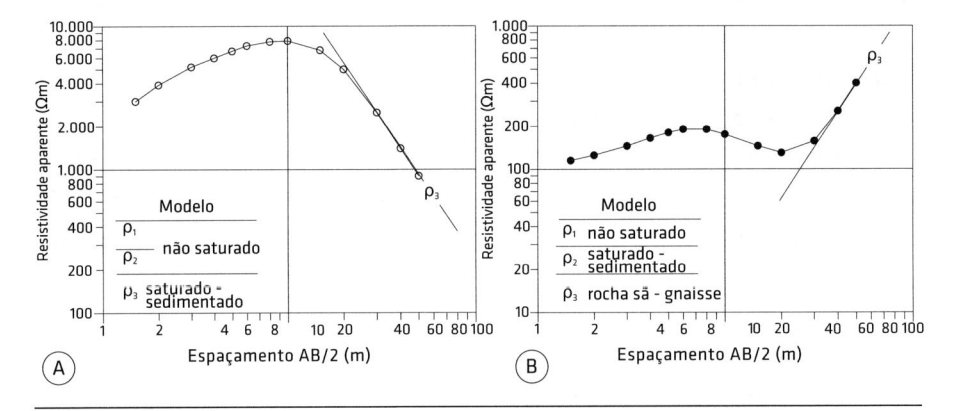

FIG. 2.11 *Espaçamento AB final*

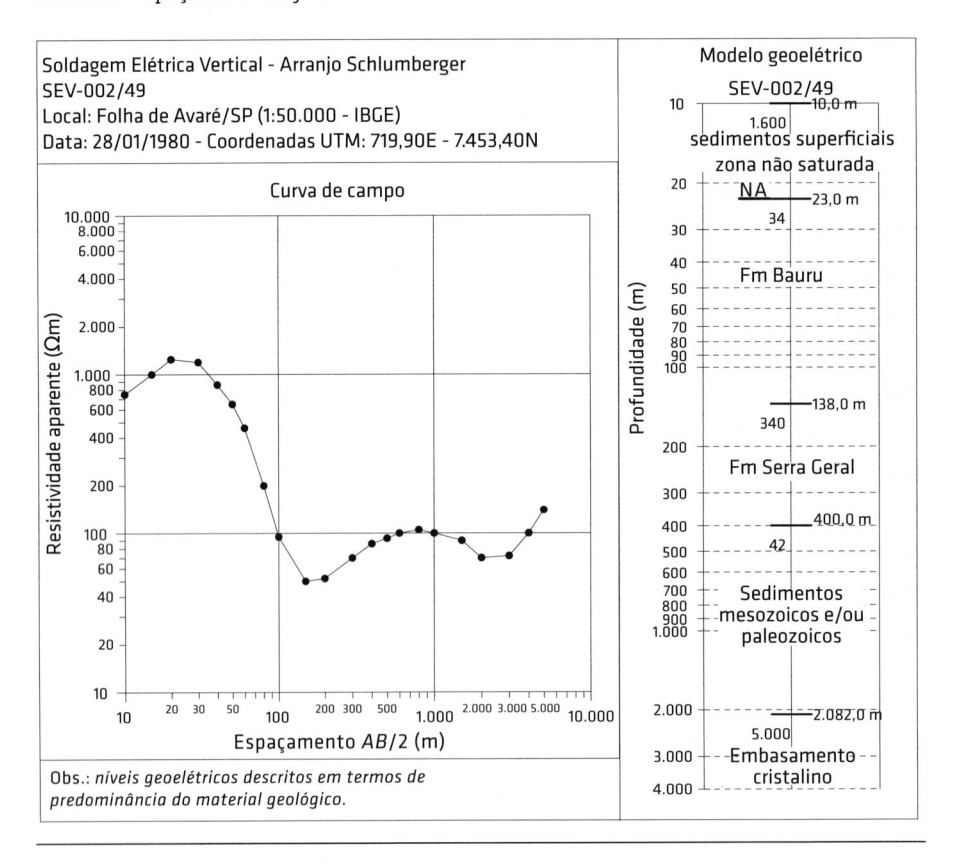

FIG. 2.12 *SEV com investigação profunda*

Em investigações envolvendo a contaminação de materiais geológicos, as profundidades de investigação requeridas são relativamente rasas, normalmente não ultrapassando 100 m. Nesses casos, as SEVs apresentam uma relação custo/benefício muito boa, sendo empregadas com sucesso.

2.2.6 Efeito de penetração

A relação AB/4 correspondente à profundidade de investigação, referida anteriormente, é teórica, pois, na prática, camadas de alta e baixa resistividade podem mudar a relação proposta. Uma questão importante na SEV diz respeito à profundidade de investigação em terrenos sedimentares de alta resistividade (> 10.000 Ωm), localizados superficialmente na zona não saturada. A ocorrência desses materiais pode ocasionar uma forte distorção no campo elétrico e resultar em alterações significativas nas curvas de campo, deslocando os espaçamentos AB.

Em Orellana (1972), são citados alguns casos onde ocorrem camadas superficiais de alta resistividade, cuja penetração de uma SEV não cresceria com o espaçamento AB em determinado momento. O referido autor ressalta também que a presença de camadas espessas e de altas resistividades em relação às camadas sobrejacentes produziria na curva de resistividades aparentes um ramo *ascendente* seguido de outro *descendente*, e para se obter uma definição da camada resistiva, que permitiria sua interpretação, o espaçamento AB teria que ser *superior a dez vezes* ou mais a profundidade de seu topo.

Esse efeito foi comprovado em estudos geofísicos nos quais, de modo geral, as curvas de campo das SEVs apresentaram altos valores de resistividades aparentes para as camadas superficiais. Essas curvas mostraram, nos ramos iniciais, configuração semelhante à descrita anteriormente por Orellana (1972). Analisando o tipo das curvas obtidas, constatou-se esse efeito na maioria das SEVs executadas. Ao efetuar o processamento dos dados, o modelo geoelétrico resultante não era compatível com as informações geológicas disponíveis e com os resultados da sísmica de refração, indicando um claro deslocamento dos espaçamentos AB (*profundidades muito elevadas*).

Após várias análises dessas curvas, pôde-se observar que o ramo final poderia ser deslocado, mantendo as resistividades aparentes, para a esquerda do gráfico até coincidir com as primeiras leituras de campo, eliminando com isso o *efeito* devido à camada resistiva resultando em uma curva "reduzida" (Braga, 2006). Tomando-se dois pontos AB/2 coincidentes, a relação entre eles converte-se em um fator que pode ser denominado de *fator de redução da profundidade* (FRP) (Eq. 2.9).

$$FRP = \frac{(AB/2)_{reduzido}}{(AB/2)_{campo}} \quad (2.9)$$

A Fig. 2.13 ilustra as situações descritas, apresentando as curvas de campo, curva reduzida, modelo geoelétrico de campo, modelo geoelétrico reduzido e o modelo da sísmica de refração. Nesse caso, os dados de campo, desde AB/2 = 30,0, foram deslocados até coincidir com o início da curva original de campo (AB/2 = 3,0) resultando em um FRP = 0,1. Tomando-se as profundidades do modelo de campo, aplicando o FRP e eliminando as camadas superficiais delgadas, tem-se o modelo reduzido perfeitamente compatível com a situação esperada. Observa-se, nesse caso, a perfeita correspondência do modelo reduzido com a sísmica de refração.

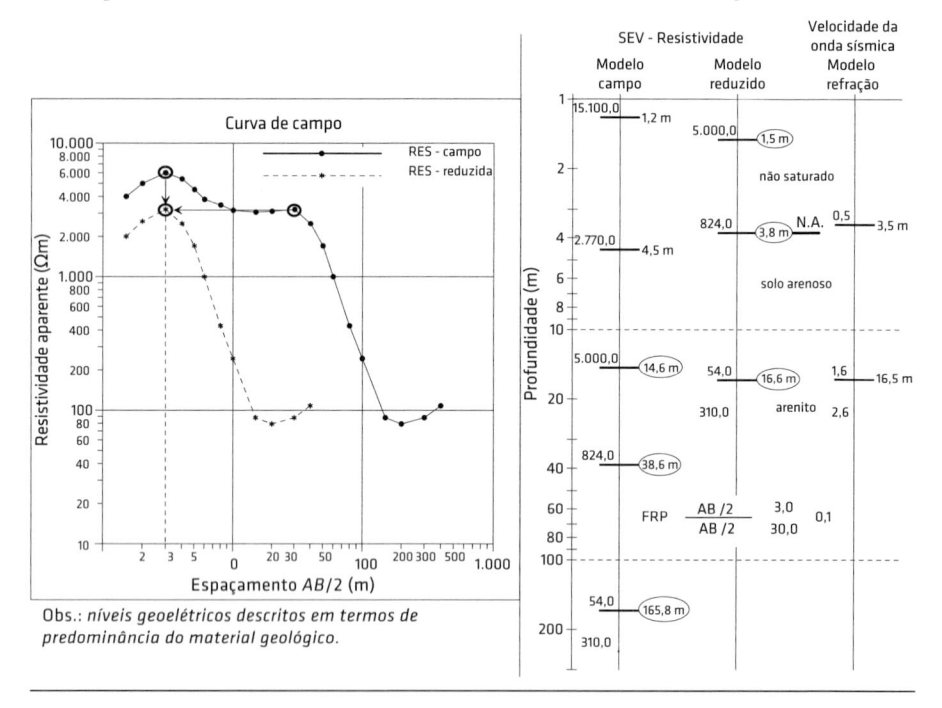

FIG. 2.13 *Efeito de camadas com alta resistividade na curva de campo*

Portanto, em áreas de afloramento de sedimentos arenosos secos, cujas resistividades superficiais são elevadas, o processamento e consequente interpretação dos dados de campo devem considerar a possibilidade descrita anteriormente. Considerações sobre esse tema também podem ser encontradas no trabalho de Alfano (1966), que discute as influências dos sedimentos superficiais nos valores de resistividade aparente, demonstrando a grande importância na profundidade investigada pelas SEVs.

2.2.7 Procedimentos de campo – seleção do centro da SEV

A escolha do local do centro da SEV (posição dos eletrodos AMNB) é de fundamental importância, pois é o ponto de atribuição dos resultados. Deve-se efetuar um reconhecimento prévio, procurando evitar situações que possam interferir na qualidade dos resultados, como encanamentos e tubulações, formigueiros com grandes dimensões, caixas de alta tensão etc. Tais ocorrências, situadas entre os eletrodos de potencial MN ou ao longo da linha de expansão AMNB (SEV-01 na Fig. 2.14), podem provocar uma distorção do campo elétrico, alterando os resultados de maneira contínua, afetando grande parte da curva de campo. A proximidade de tais estruturas dos eletrodos de corrente AB produz distorções pontuais, podendo ser desprezadas, não prejudicando a curva final de campo (SEV-02 na Fig. 2.14).

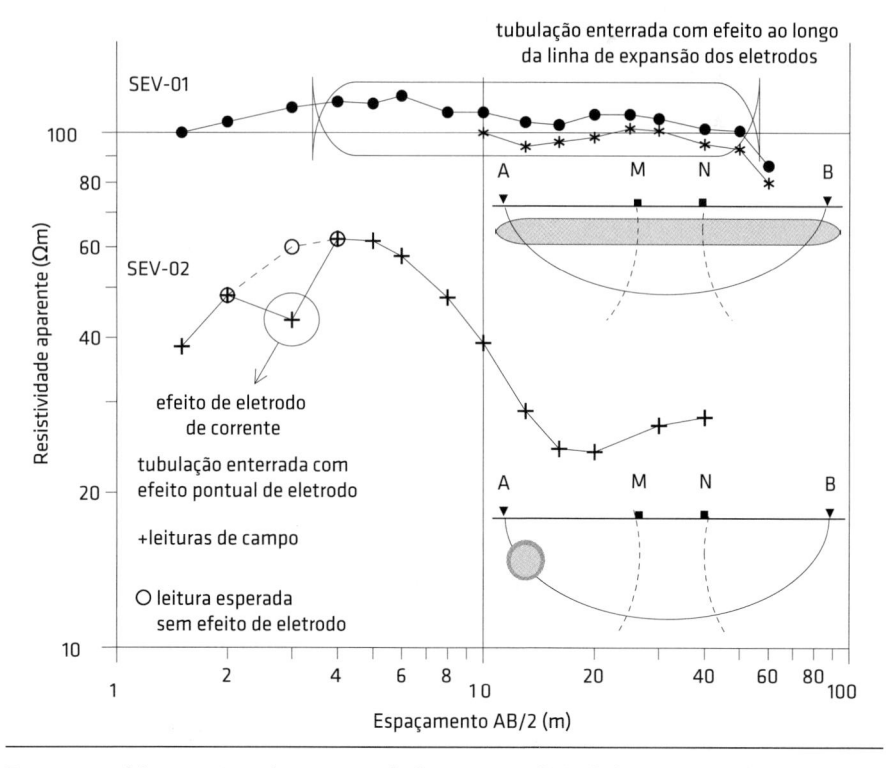

FIG. 2.14 *Efeitos na curva de campo – tubulação e camada resistiva*

2.2.8 Direção da linha de expansão AMNB

Efetuada a escolha do centro do ensaio, com uma estaca identificando o número da sondagem, recomenda-se que a numeração de identificação das SEVs seja sequencial, independente das localizações. A direção de expansão da linha AMNB deve ser mantida, na medida do possível, paralela às estruturas geológicas (contatos, falhas etc.) e de modo que a superfície topográfica apresente a mínima variação na direção escolhida.

A Fig. 2.15 ilustra o desenvolvimento adequado de várias SEVs em situação de ocorrência de falhamento geológico, com diferentes resistividades dos materiais presentes em superfície e subsuperfície. O perfil investigado é perpendicular à estrutura geológica, enquanto a direção da linha AMNB se mantém aproximadamente paralela à estrutura, procurando manter os eletrodos sem heterogeneidades laterais. A Fig. 2.15 à direita esquematiza a locação e expansão da linha AMNB em caso no qual existem edificações.

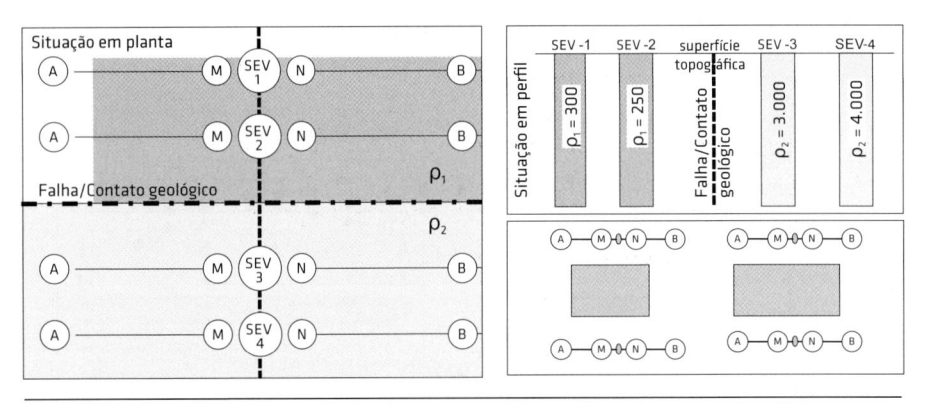

Fig. 2.15 *Locação e expansão da linha AMNB*

2.2.9 Procedimentos iniciais de campo

A partir do centro determinado, mantendo a direção da linha AMNB de acordo com o programado, devem ser posicionadas duas trenas em sentidos opostos, previamente demarcadas com os espaçamentos a serem utilizados (Fig. 2.16). As trenas podem ter o comprimento de 100 m com as devidas marcas dos espaçamentos, o que facilita muito o início do ensaio, tornando-o mais rápido. A partir de 100 m, as marcas (podem ser de 50 × 50 m) devem ser fixadas nos próprios cabos das bobinas, sendo controladas pelo operador.

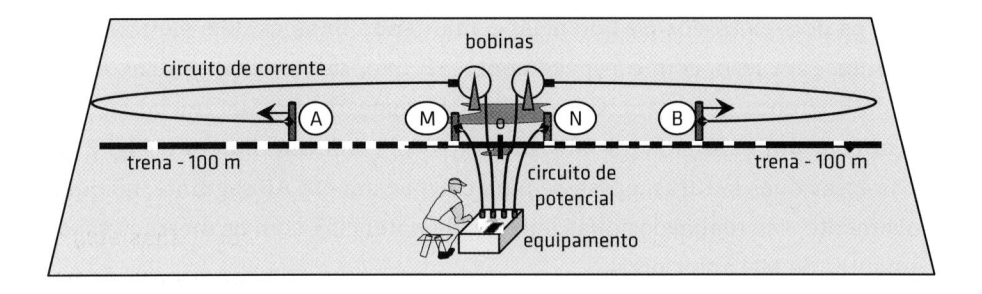

FIG. 2.16 *Desenvolvimento de campo – SEV*

Os eletrodos devem ser bem cravados no solo, visando obter um bom contato solo/eletrodo, evitando solos muito fofos e raízes das plantas, os quais poderiam diminuir a intensidade de corrente enviada. Após iniciar as leituras com os espaçamentos AB/2 e MN/2 definidos, os cálculos resultantes são anotados em folhas de campo e plotados em gráfico bilogarítmico.

2.2.10 QUALIDADE DOS DADOS DE CAMPO

Além dos cuidados já ressaltados anteriormente, deve-se considerar a confiabilidade das leituras obtidas no equipamento. Para isso, algumas questões devem ser abordadas, como a *queda dos valores de potencial* ao longo do desenvolvimento do ensaio, a *resistência de contato solo/eletrodo* e as *fugas de corrente* ao longo do circuito.

Diminuição dos valores de potenciais

No desenvolvimento das SEVs, ao aumentar o espaçamento entre os eletrodos AB (MN = fixo), o valor de DV diminui rapidamente (exemplo na Fig. 2.17A,B), principalmente, após a profundidade de investigação atingir camadas com baixas resistividades, por exemplo, na zona saturada. Esses baixos valores de potencial, por volta de duas ou três casas decimais em mV, dependendo do ruído da área, podem levar a resultados imprecisos e inconsistentes. A Fig. 2.17C ilustra a queda do potencial em função do aumento do espaçamento AB.

Uma das maneiras de manutenção do DV com valor confiável é por meio do aumento da intensidade da corrente I. Entretanto, existe um limite, tanto devido às características técnicas do equipamento em uso como devido a problemas de segurança. Outra maneira é executar a chamada operação "embreagem", que consiste em elevar o valor de DV aumentando a distância entre os dois eletrodos de potencial e mantendo fixos os dois eletrodos de corrente. Para isso, com o espaçamento AB fixo, são realizadas duas leituras da diferença de potencial: uma com o espaçamento MN inicial (DV_1) e outra com um espaçamento MN maior (DV_2), conforme ilustra a Fig. 2.18. Após essas duas leituras, passa-se para o espaçamento AB seguinte, no qual, novamente, são realizadas duas leituras de potencial, com os mesmos espaçamentos de MN anteriores.

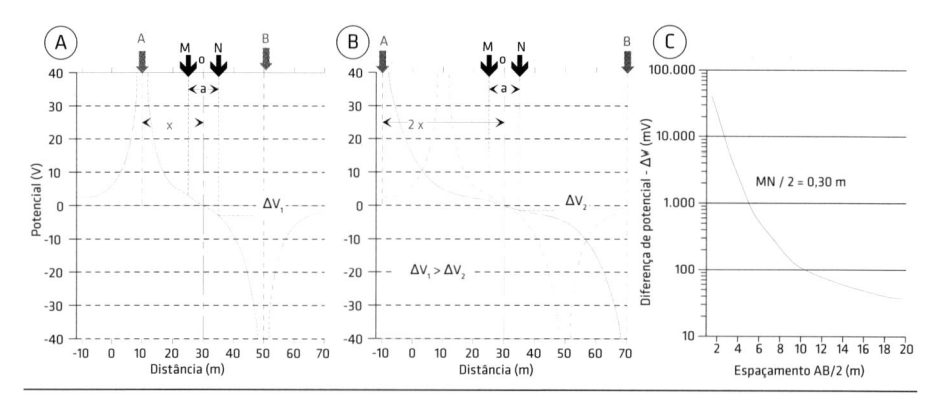

FIG. 2.17 *Queda dos valores de potencial – SEV*

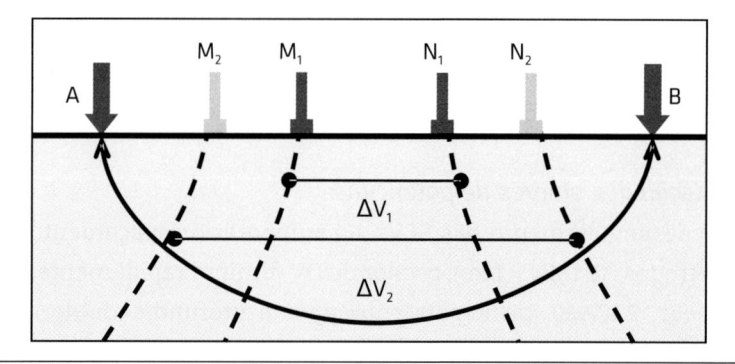

FIG. 2.18 *Esquema de embreagem*

Recomenda-se que para cada espaçamento AB/2 sejam efetuadas no mínimo duas leituras com diferente espaçamento MN/2 até o final do ensaio. Tem-se, portanto, vários segmentos de curva plotados no gráfico (SEV-01 na Fig. 2.19). A Fig. 2.19 (SEV-02) ilustra um exemplo de embreagem com quatro espaçamentos de MN. A diferença entre os ramos ocorre em função da área investigada em subsuperfície, sendo essa diferença mais realçada quanto maiores as variações laterais do terreno investigado e/ou mais elevadas as resistências de contato. A operação embreagem, além de melhorar o sinal medido, determina a qualidade dos resultados obtidos, pois os vários segmentos de curva devem se manter paralelos, resultando em curvas suaves, sem interrupções bruscas, situações que só podem ser identificadas com base na plotagem dos dados nos gráficos. Portanto, a qualidade dos dados de campo deve ser obrigatoriamente monitorada pelo gráfico bilogarítmico.

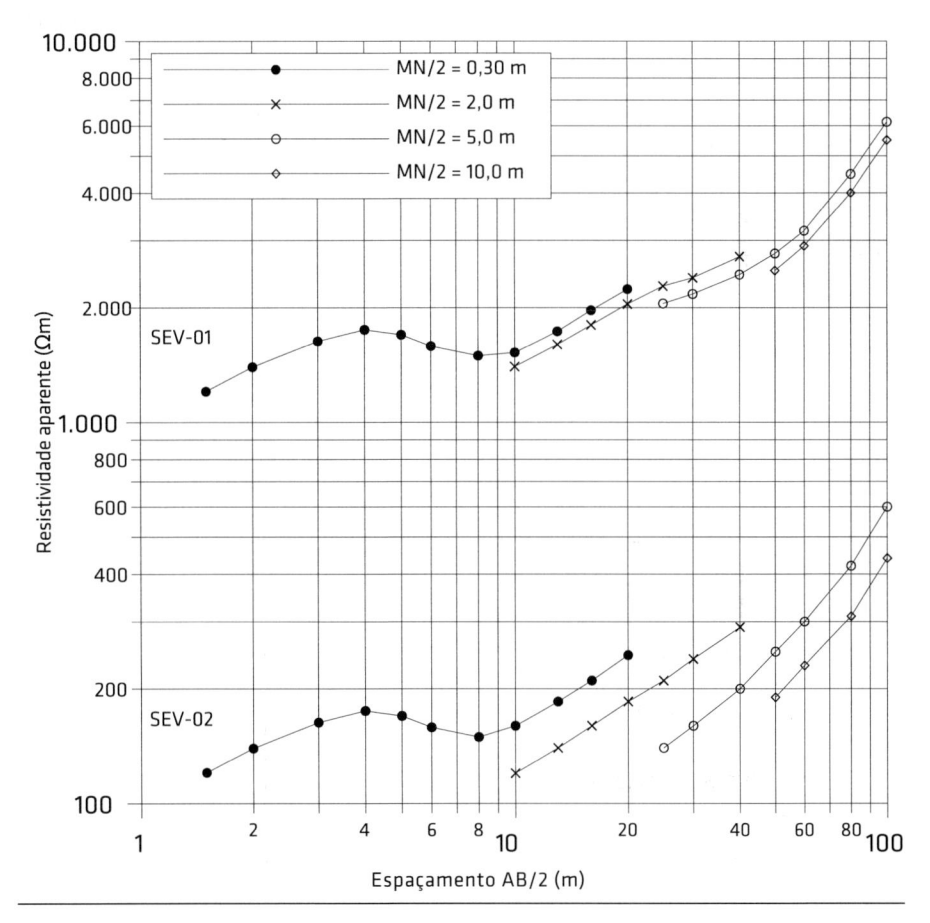

FIG. 2.19 *Curvas de campo e embreagens – SEV*

Na Fig. 2.20, tem-se um exemplo de folha de campo com dados obtidos e ainda com o gráfico e curva de campo plotada. Nesse caso, o equipamento fornece o valor da resistência (Ω) medida.

Resistência de contato eletrodos/solo

Quando a resistência de contato entre o solo e os eletrodos é elevada, a intensidade de corrente é baixa e, consequentemente, os valores de potencial são baixos, podendo gerar leituras imprecisas dentro da gama de valores dos ruídos da área. Essas resistências afetam tanto o circuito de emissão de corrente como o circuito de recepção de potencial. Quando isso ocorre, é recomendado umedecer os pontos de contato com água, procedimento que reduz a resistência e aumenta a superfície de contato pela geração de um bulbo de infiltração ao redor do eletrodo. Apenas nos eletrodos de corrente é recomendada a adição de água salgada, a qual pode até duplicar o valor da intensidade I.

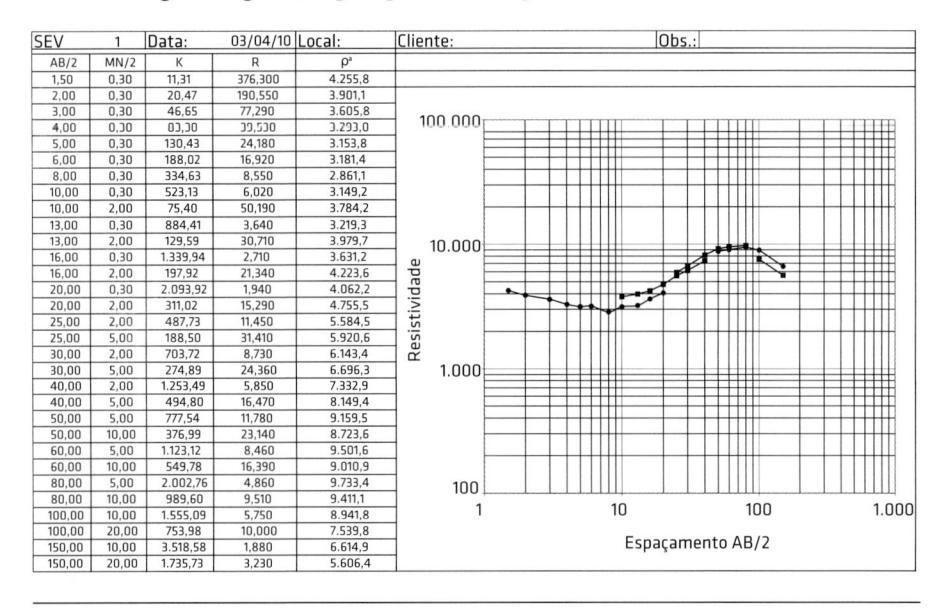

SEV	1	Data:	03/04/10	Local:	Cliente:	Obs.:
AB/2	MN/2	K	R	ρ^a		
1,50	0,30	11,31	376,300	4.255,8		
2,00	0,30	20,47	190,550	3.901,1		
3,00	0,30	46,65	77,290	3.605,8		
4,00	0,30	03,30	39,530	3.293,0		
5,00	0,30	130,43	24,180	3.153,8		
6,00	0,30	188,02	16,920	3.181,4		
8,00	0,30	334,63	8,550	2.861,1		
10,00	0,30	523,13	6,020	3.149,2		
10,00	2,00	75,40	50,190	3.784,2		
13,00	0,30	884,41	3,640	3.219,3		
13,00	2,00	129,59	30,710	3.979,7		
16,00	0,30	1.339,94	2,710	3.631,2		
16,00	2,00	197,92	21,340	4.223,6		
20,00	0,30	2.093,92	1,940	4.062,2		
20,00	2,00	311,02	15,290	4.755,5		
25,00	2,00	487,73	11,450	5.584,5		
25,00	5,00	188,50	31,410	5.920,6		
30,00	2,00	703,72	8,730	6.143,4		
30,00	5,00	274,89	24,360	6.696,3		
40,00	2,00	1.253,49	5,850	7.332,9		
40,00	5,00	494,80	16,470	8.149,4		
50,00	5,00	777,54	11,780	9.159,5		
50,00	10,00	376,99	23,140	8.723,6		
60,00	5,00	1.123,12	8,460	9.501,6		
60,00	10,00	549,78	16,390	9.010,9		
80,00	5,00	2.002,76	4,860	9.733,4		
80,00	10,00	989,60	9,510	9.411,1		
100,00	10,00	1.555,09	5,750	8.941,8		
100,00	20,00	753,98	10,000	7.539,8		
150,00	10,00	3.518,58	1,880	6.614,9		
150,00	20,00	1.735,73	3,230	5.606,4		

FIG. 2.20 *Exemplo de uma folha de campo – SEV*

Outra maneira de melhorar a intensidade de corrente é montar um triângulo de eletrodos. Basicamente, o triângulo consiste em conectar ao circuito de emissão nas posições de A e B três eletrodos ligados entre si, montando um triângulo no solo, com aproximadamente 0,50 m de lado. Esse procedimento pode dobrar a intensidade de corrente.

A Fig. 2.21 ilustra uma situação em que os eletrodos de potenciais foram afetados pelos materiais em subsuperfície. Esses eletrodos, cravados em solos pouco compactos, com muitas raízes e presença de seixos (situação MN1), não apresentam um contato eletrodo/solo adequado, podendo resultar em dados totalmente imprecisos. A situação MN2, com os eletrodos de potenciais cravados em um solo mais compacto, resultou em dados adequados, com a curva de campo dentro do esperado.

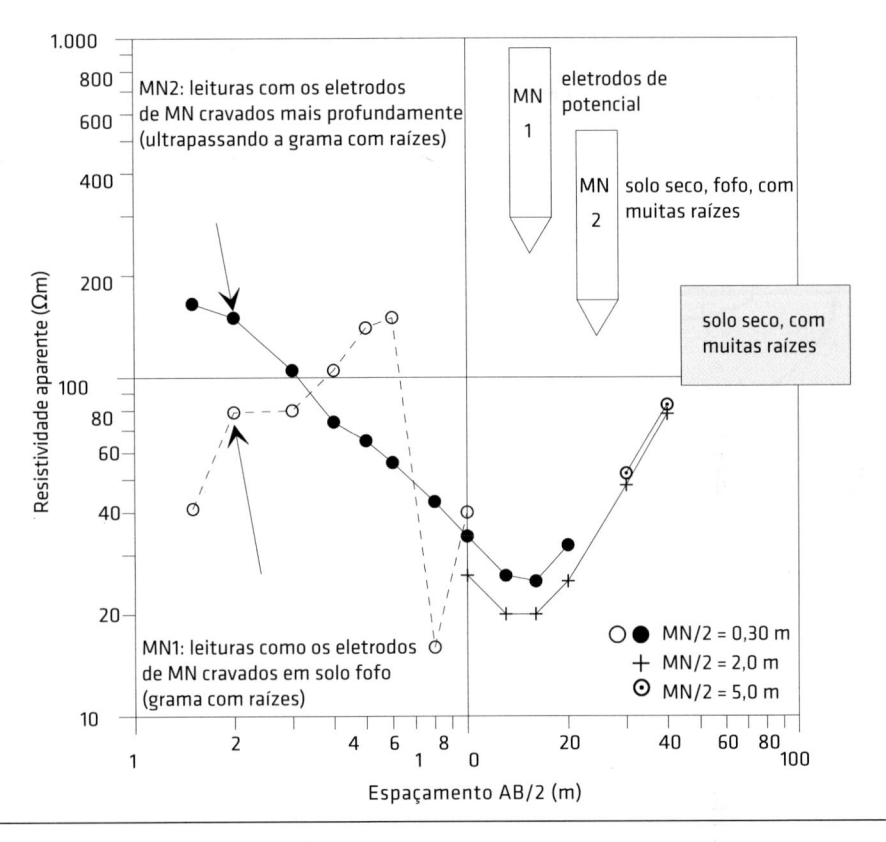

FIG. 2.21 *Efeitos nos eletrodos de potenciais*

Observa-se nessa figura que a camada superficial, de pequena espessura, ainda pode ser notada em função da diferença nos segmentos de MN/2 = 0,30 e MN/2 = 2,0; já não se fazendo notar com os segmentos de MN/2 = 2,0 e MN/2 = 5,0.

Fugas de corrente

Uma das causas de erro mais frequentes e graves nas medidas de campo de uma SEV consiste no aparecimento das chamadas "fugas de corrente" no circuito de emissão. Essas "fugas" ocorrem por causa de um "escape" de corrente, gerada pelo transmissor, em um ponto do circuito diferente das posições dos eletrodos A e B, aparecendo normalmente em dias de chuva.

Isso pode ocorrer devido a problemas de isolamento dos cabos, tais como pedaços de fios descascados, situados em solo muito úmido e/ou fios submersos em poças de águas e rios, ou ainda nas próprias bobinas do circuito AB. A presença dessas fugas equivale ao de um eletrodo suplementar (A_2) e produz uma diferença de potencial adicional (DV) no circuito, em função da corrente adicional 2, resultando em uma leitura da $DV_{MN} = DV_1 + DV_2$ (Fig. 2.22).

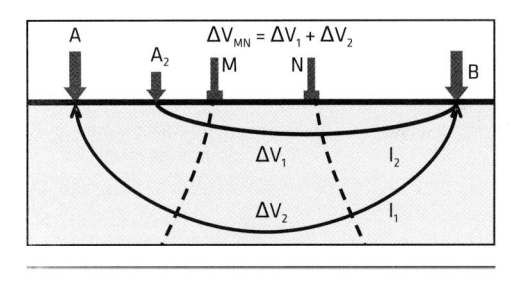

FIG. 2.22 Fuga de corrente

Uma maneira de comprovar sua existência é executar o "teste de fuga": i) desconectar o cabo de um dos eletrodos A ou B, mantendo sua extremidade isolada; ii) enviar corrente pelo equipamento; iii) verificar as leituras: quando não são nulas, significa que existem fugas desse lado do circuito. Repetir esse procedimento para o outro segmento do circuito. Comprovada sua existência, deve-se proceder a uma verificação dos cabos, procurando localizar trechos expostos e efetuar o devido isolamento, ou ainda, providenciar o isolamento das bobinas.

As fugas de corrente podem ser percebidas também durante a plotagem dos valores calculados da resistividade aparente na curva de campo. As embreagens, que deveriam manter um paralelismo, começam, de maneira suave, a se distanciar. A Fig. 2.23 ilustra duas diferentes situações nas quais se pode comprovar a existência dessas fugas de corrente.

Na Fig. 2.23A, a fuga ocorre próxima de um dos eletrodos com espaçamento de MN/2 = 0,30, resultando em um ramo da curva com falsa tendência de indicar a presença de uma camada geoelétrica de alta resistividade. É possível observar, nesse caso, que o espaçamento MN/2 = 2,0 não é afetado pela corrente adicional, como foi demonstrado pela curva real obtida após a eliminação dessa fuga. Na Fig.2.23B, a fuga, próxima de um dos eletrodos MN/2 = 2,0, começou com base na leitura do espaçamento de AB/2 = 20,0, quando se iniciou uma forte chuva.

2.2.11 Processamento e interpretação dos dados

As interpretações das curvas de campo das SEVs devem ser efetuadas considerando os fundamentos que regem a aplicação dessa técnica, cuja utilização se dá em áreas nas quais a distribuição do parâmetro físico no subsolo corresponde, com razoável aproximação, ao modelo dos meios estratificados. A finalidade da interpretação de uma SEV é, portanto:

i) determinar a distribuição espacial dos parâmetros físicos no subsolo, partindo dos dados das curvas de campo observados na superfície do terreno – *processamento*;

ii) interpretar o significado geológico de tais parâmetros – *modelo geoelétrico final*.

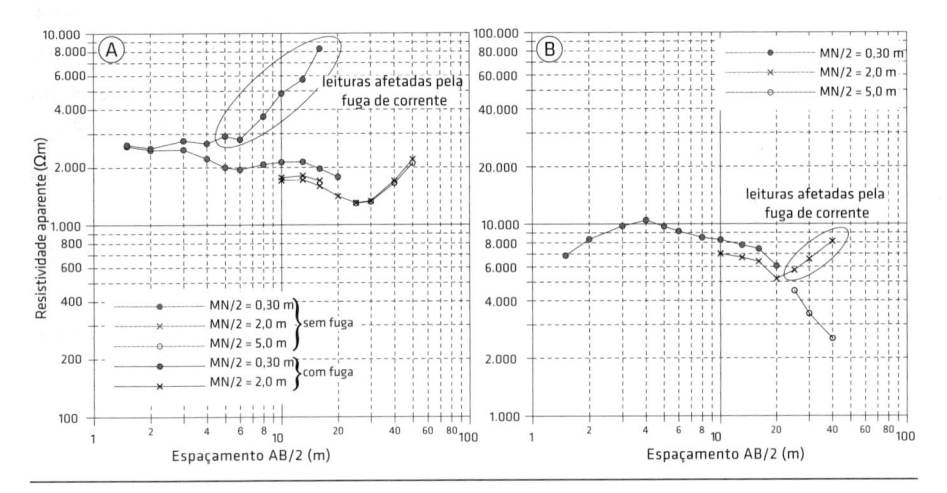

FIG. 2.23 *Exemplos de campo de fugas de corrente*

Ambas as etapas são de execução complexa, sendo que a primeira se baseia em leis físico-matemáticas e a segunda depende fundamentalmente de correlações entre os dados físicos e geológicos, envolvendo muito a experiência do intérprete.

A primeira etapa, citada anteriormente, é denominada *processamento dos dados de campo*, visto que a interpretação inclui, também, a correlação entre os resultados de diferentes SEVs e a associação com a geologia das camadas geoelétricas e suas estruturas. O modelo geoelétrico processado das SEVs pode ser obtido por *softwares* específicos, que além de apresentarem maior rapidez no processamento, trazem uma maior precisão nos modelos geoelétricos finais. A Fig. 2.24 ilustra as etapas necessárias na interpretação de uma SEV.

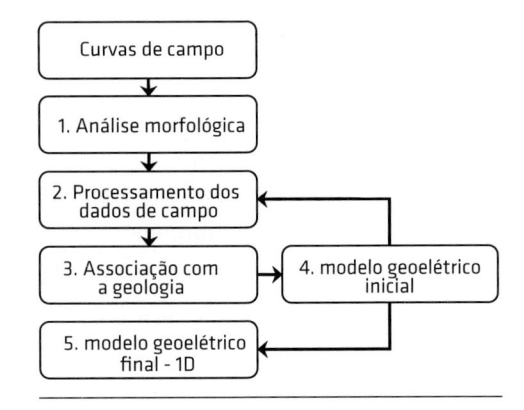

FIG. 2.24 *Etapas na interpretação – SEV*

* etapa 1: *análise* da morfologia das curvas de campo, procurando identificar as camadas geoelétricas existentes, definindo um modelo de tipo de curvas. Esta etapa é efetuada analisando-se todas as SEVs em *conjunto*;
* etapa 2: *processamento* dos dados, em função do modelo do item anterior, por meio de curvas preexistentes e/ou programas computacionais, obtendo as resistividades/cargabilidades e espessuras reais das camadas geoelétricas;
* etapa 3: *associação com a geologia*, envolvendo uma correlação dos modelos obtidos entre as SEVs e a geologia local, estabelecendo um *modelo geoelétrico inicial* (etapa 4); se necessário, recomenda-se um novo processamento dos dados de campo, procurando o melhor *ajuste* do modelo inicial com a geologia;
* etapa 5: estabelecimento do *modelo geoelétrico final*.

É importante destacar as etapas anteriores relacionadas à interpretação dos dados de uma SEV, pois a definição do modelo final não é um simples ajuste das curvas de campo com modelos teóricos efetuados por meio de programas de computador sem considerar uma análise dos dados em relação à geologia da área.

A interpretação puramente *automática* pode levar a erros graves na definição do modelo geoelétrico, resultando em uma descrença da técnica e até em prejuízos financeiros para os usuários. Na prática, já se comprovaram inúmeros casos ocorridos em que a interpretação efetuada de maneira inadequada levou a resultados incompatíveis com a geologia da área, normalmente atribuídos à *ineficiência* da técnica.

> Conferir o infográfico "SEV - Arranjo Schlumberger".

2.2.12 Suavização das curvas de campo

No desenvolvimento da SEV, os dados de campo podem resultar em vários segmentos de curva para diferentes espaçamentos dos eletrodos MN (embreagem). Para o processamento final dos dados, recomenda-se que os vários segmentos de curvas sejam ajustados para apenas uma curva (Fig. 2.25), a qual resultará em um modelo mais adequado e preciso. A curva final suavizada será a de menor espaçamento MN/2, rebatendo paralelamente as demais, até o espaçamento AB/2 final da curva.

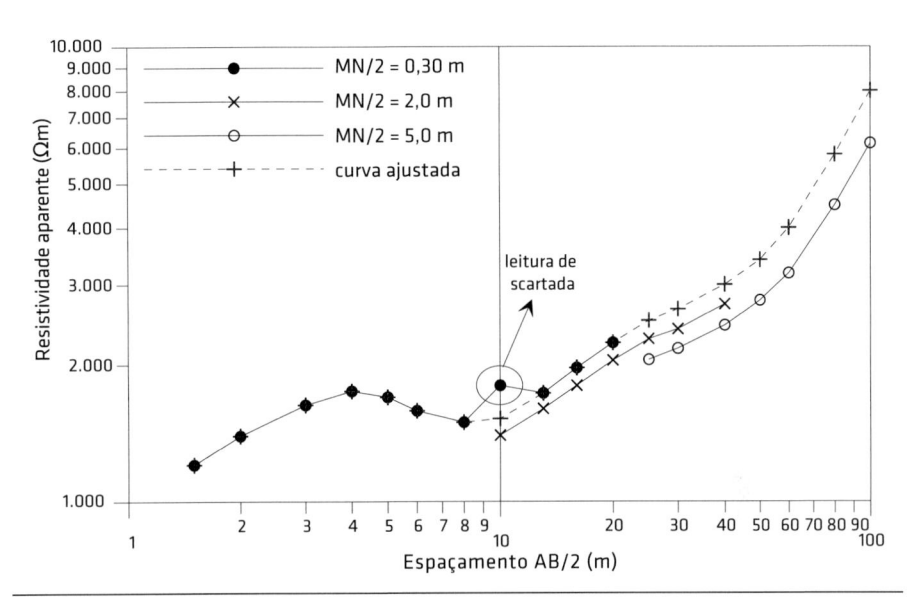

Fig. 2.25 *Suavização da curva de campo*

Esse procedimento é importante, principalmente em casos nos quais os segmentos apresentem diferenças significativas, ou seja, as curvas não estejam próximas ou coincidentes (por exemplo, na Fig. 2.20). Nessa etapa, deve-se também descartar valores inconsistentes, cujo resultado se deu em razão de problemas locais de leituras (exemplo: AB/2 = 13,0 m).

2.2.13 Análise morfológica

A análise morfológica é uma das etapas mais importante da interpretação das SEVs, em que o intérprete define, de maneira qualitativa, o modelo geoelétrico da área estudada. Ela deve ser efetuada de maneira visual, com todas as SEVs em conjunto, procurando identificar qualitativamente as camadas geoelétricas e seus comportamentos em termos espaciais ao longo da área estudada, considerando sempre a geologia local.

Uma questão importante nas análises morfológicas das SEVs diz respeito às variações das resistividades em subsuperfície, correspondendo às distribuições verticais das resistividades dentro de um volume determinado do subsolo. Essas variações podem ser classificadas segundo seu número de camadas geoelétricas, isto é, de uma, duas, três, quatro camadas etc. Em função do número de camadas identificadas e das variações de resistividades, as colunas geoelétricas podem ser definidas de acordo com os tipos ilustrados na Fig. 2.26.

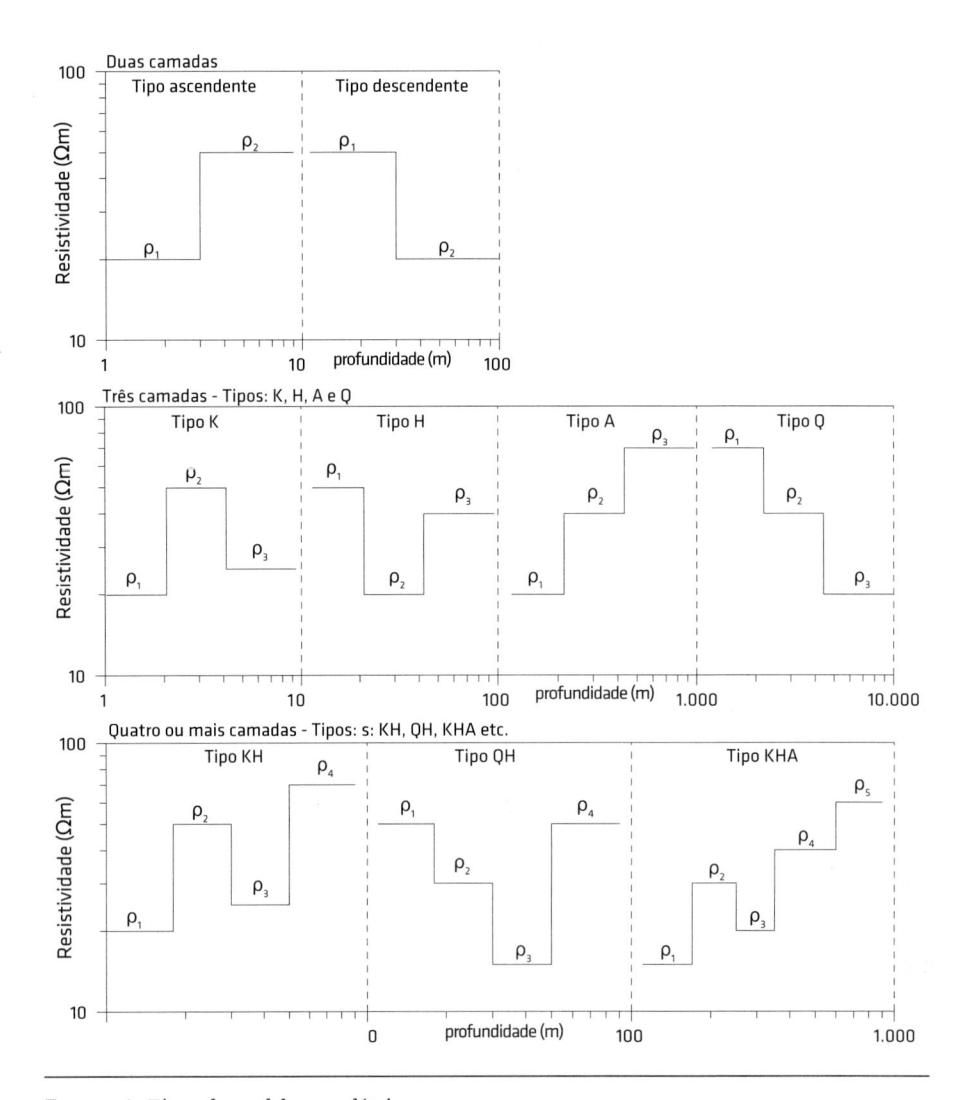

FIG. 2.26 *Tipos de modelos geoelétricos*

Nas curvas de campo, o número de camadas geoelétricas identificadas pode ser definido pelos ramos ascendentes e descendentes, não esquecendo a primeira camada, aquela que inicia a curva de campo.

A Fig. 2.27 apresenta uma curva de campo analisada morfologicamente. Pode-se observar que a curva é formada por três ramos, dois ascendentes e um descendente, portanto: três ramos – *quatro camadas*. Suas espessuras teóricas podem ser determinadas pelos pontos de inflexão dos diversos ramos, no caso: AB/2 = 1,1 – 8,0 – 40,0. Após tais análises, essa curva define um modelo qualitativo inicial, o qual poderá ser utilizado nos *softwares* para a inversão dos dados.

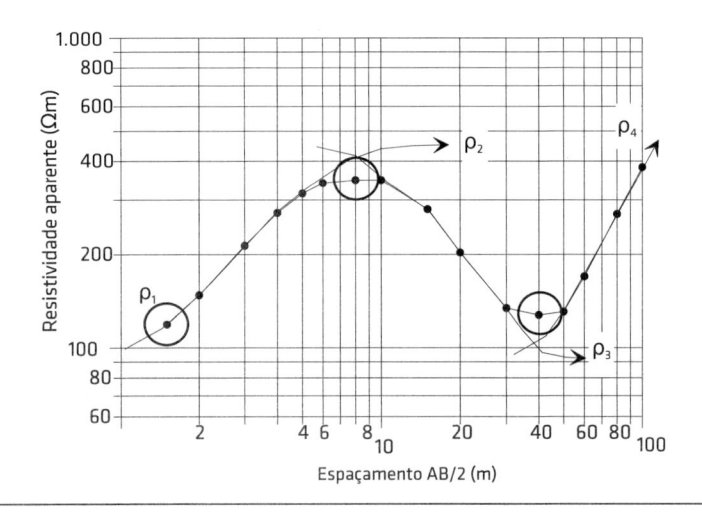

FIG. 2.27 *Análise morfológica – SEV*

> Conferir o infográfico "Análise morfológica - SEV".

Esse tipo de análise, incluindo várias curvas, pode ser efetuado como apresenta a Fig. 2.28. Nessa figura, podem-se observar os vários ramos identificados nas curvas e suas correlações em forma de seção. Esta é uma seção geoelétrica qualitativa, a qual deverá ser quantificada por meio do processamento dos dados, definindo as espessuras e resistividades reais do modelo.

2.2.14 Processamento dos dados – modelo geoelétrico inicial

Depois de efetuada a análise morfológica e do consequente entendimento do modelo da área estudada, procede-se à quantificação desse modelo, o qual resultará no modelo geoelétrico quantitativo inicial (Koefoed, 1965). Para isso, existem dois métodos possíveis. O primeiro, utilizado há muitos anos e praticamente em desuso nos dias atuais devido aos processos de manuseio trabalhosos, é o denominado método da *superposição e ponto auxiliar*. O segundo, amplamente utilizado nos dias de hoje, é o processo da *inversão automática*, efetuada por meio de *softwares* para computadores, constituindo-se em um método preciso e rápido.

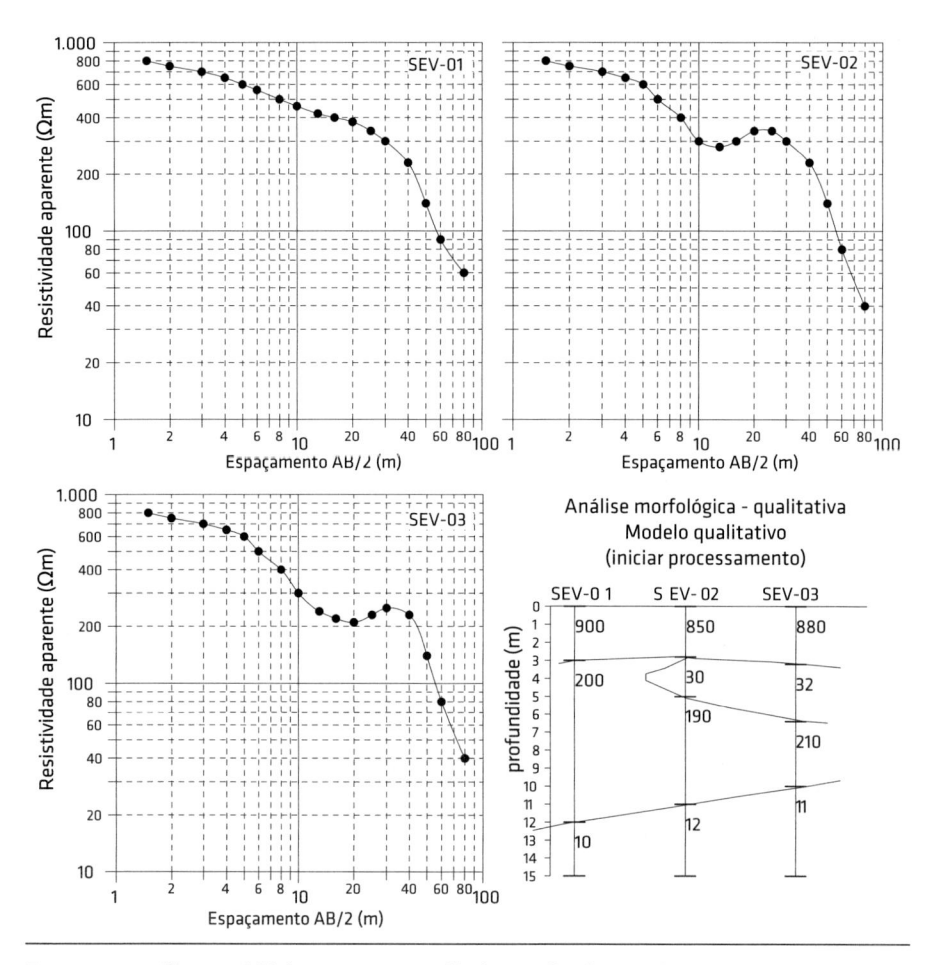

FIG. 2.28 *Análise morfológica e a seção geoelétrica qualitativa resultante*

Métodos da superposição e ponto auxiliar

O método da superposição, adotado pelos geofísicos franceses da escola Schlumberger, consiste basicamente em identificar nos catálogos existentes uma curva teórica que coincida perfeitamente com a curva de campo. Uma limitação dessa metodologia diz respeito ao fato de que, apesar de a utilização de escalas logarítmicas reduzir os parâmetros da seção, a quantidade de casos possíveis leva à exigência de uma derivação desse método para outro, denominado método do ponto auxiliar (Koefoed, 1979b), entre os quais se destaca o de Ebert.

O método de Ebert consiste em reduzir artificialmente o número de camadas da curva de campo, substituindo as duas primeiras por apenas uma equivalente a elas, e assim sucessivamente, o que permite aplicar o método da superposição com uma coleção de curvas teóricas de duas ou três camadas para seções geoelétricas de várias camadas.

Considerações sobre a utilização desses métodos de interpretação e uma coleção de curvas teóricas podem ser encontradas nas obras de Orellana e Mooney (1966), Compagnie Générale de Géophysique (1963) e The Netherlands Rijkswaterstaat (1969). Utilizando-se esses métodos, ou o método da análise morfológica (descrito anteriormente), determina-se o modelo geoelétrico inicial, o qual deverá ser refinado por métodos de inversão automática.

Método da inversão automática

Como os principais métodos de inversão automática se baseiam em ajustes de um modelo inicial qualquer com a curva de campo, esse modelo inicial pode ser identificado com base na análise morfológica. Esse método apresenta um processamento rápido e com resultados precisos. Conceitos teóricos sobre a inversão de dados de resistividade podem ser encontrados em Inman (1975).

Na Fig. 2.29, tem-se um exemplo de uma SEV executada na bacia sedimentar do Paraná – município de Avaré (SP), com os dados de campo (pontos), curva ajustada referente ao modelo obtido (linha cheia) e modelo geoelétrico processado e consequente interpretação, resultantes de processamento dos dados levantados.

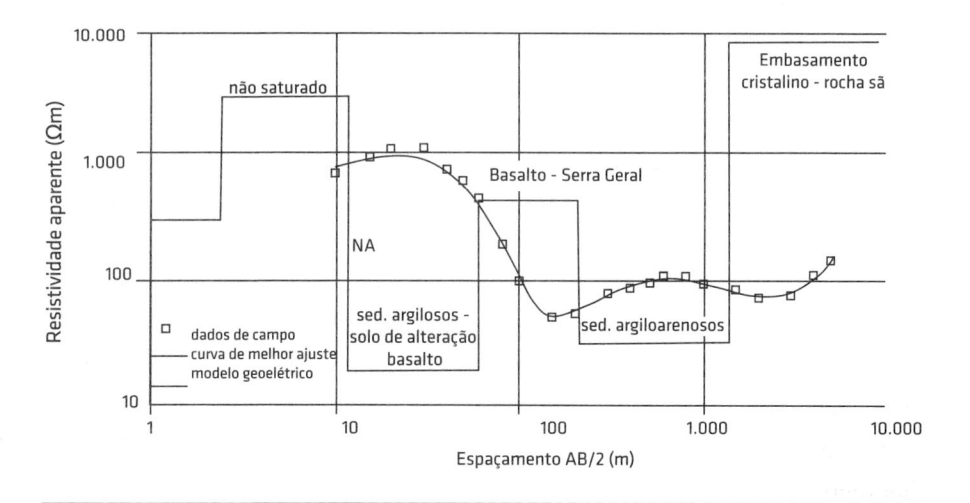

FIG. 2.29 *Processamento dos dados de uma SEV*
Fonte: Interpex IX1D (2008).

2.2.15 Interpretação – modelo geoelétrico final

Na associação do modelo inicial com a geologia, deve-se destacar que as rochas de mesma natureza, ou seja, mesma litologia, apresentam suas resistividades influenciadas pelas condições locais de saturação em água, condutividade, tamanho dos grãos, porosidade, metamorfismo, efeitos tectônicos etc. Para se efetuar uma correlação adequada com a geologia em uma determinada área de estudo, é fundamental a localização geográfica e o entendimento da geologia local em termos estratigráficos. Entretanto, para a interpretação dos dados do método da eletrorresistividade, alguns critérios para efetuar a associação resistividade/litologia podem ser observados e seguidos:

* em uma área estudada, as margens de variação são bem mais reduzidas e em geral podem identificar as rochas em função das resistividades com mais precisão;
* com base nos dados coletados previamente (SEVs paramétricas, perfilagens elétricas, mapeamento geológico, perfis geológicos de poços confiáveis etc.), o modelo final pode ser determinado.

Na Fig. 2.30, têm-se uma SEV com a curva de campo, modelo geoelétrico processado e interpretado e a representação das camadas geoelétricas identificadas. O modelo mostra cinco camadas geoelétricas perfeitamente visíveis na curva de campo, identificando a litologia em termos de predominância do material.

Na definição do modelo final, deve-se considerar que as superfícies de separação de uma coluna/seção geoelétrica nem sempre coincidem com os limites geológicos determinados pelos caracteres litológicos, genéticos e geológicos em geral. Um pacote geologicamente homogêneo pode apresentar uma subdivisão de várias camadas geoelétricas diferentes (por exemplo, variações no grau de saturação), ou pode ocorrer a situação inversa, ou seja, um pacote constituído por vários tipos geológicas distintos vir a corresponder a apenas uma camada geoelétrica (por exemplo, tipos geológicos com pequenos contrastes de resistividades e/ou cargabilidades).

Portanto, um estrato geoelétrico, formado por um ou mais níveis, é associado a um tipo litológico específico. A existência de dois ou mais níveis dentro de um estrato geoelétrico (um tipo litológico) se deve a variações, principalmente, no grau de saturação desses sedimentos/rochas e/ou alteração e fraturamento. Ressalta-se que a zona não saturada, constituída por um ou mais tipos litológicos, é considerada como um estrato geoelétrico (Fig. 2.31).

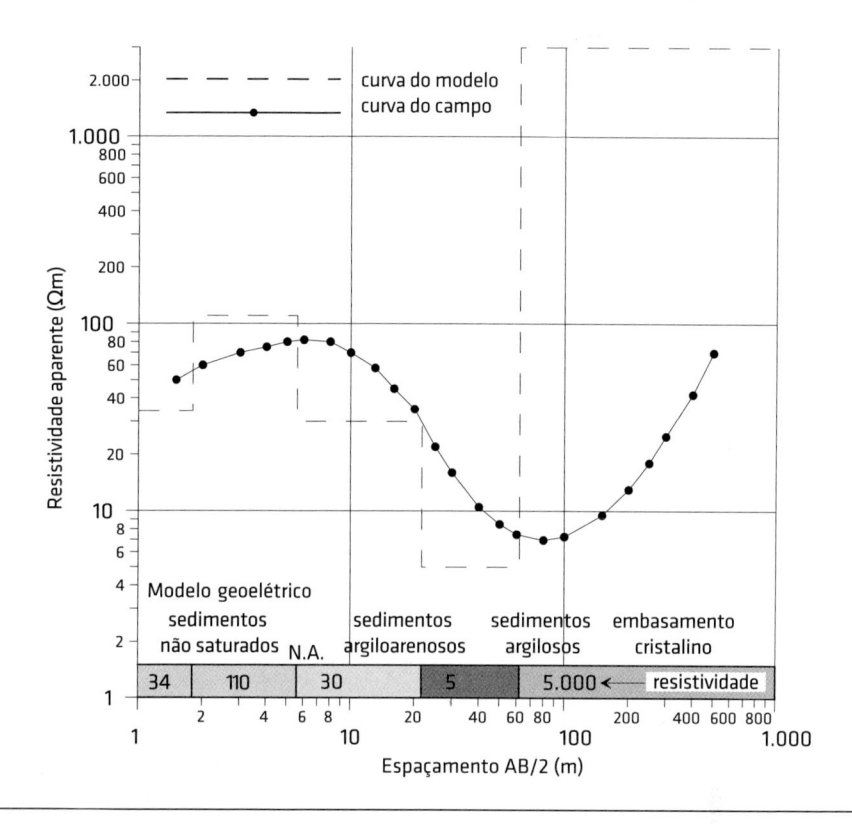

FIG. 2.30 *Curva de campo e o modelo final de uma SEV*

Em qualquer método utilizado na interpretação das SEVs, uma das dificuldades que o intérprete encontra diz respeito à ambiguidade na obtenção do modelo final, uma vez que as curvas de campo podem admitir muitas soluções. Entre elas, o intérprete tem que escolher, dentro das margens de variações possíveis, aquele conjunto de soluções que tenham maior probabilidade de representar a sequência geológica real da área.

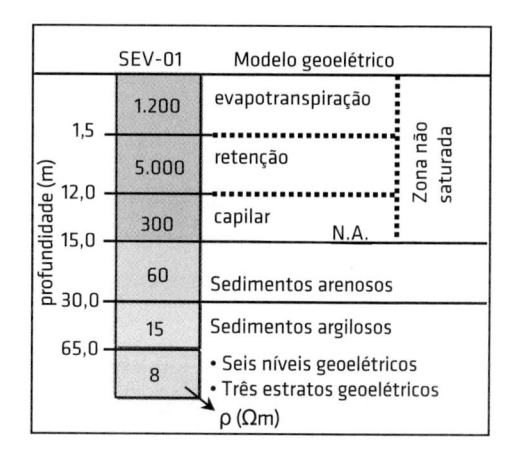

FIG. 2.31 *Representação do modelo geoelétrico final*

Nessa ambiguidade, dois efeitos são muito importantes e fundamentais na interpretação das SEVs:

i) *supressão de camadas*: uma camada relativamente delgada, em relação à sua profundidade de ocorrência, cuja resistividade é intermediária entre as das camadas que a delimitam, pode influir muito pouco na curva de campo, tornando-se difícil sua visualização (Fig. 2.32A);

ii) *equivalência*: com base no fato de que diferentes seções geoelétricas podem corresponder a curvas de campo iguais ou muito semelhantes entre si, resultantes das relações entre as espessuras e resistividades das camadas existentes (Fig.2.32B).

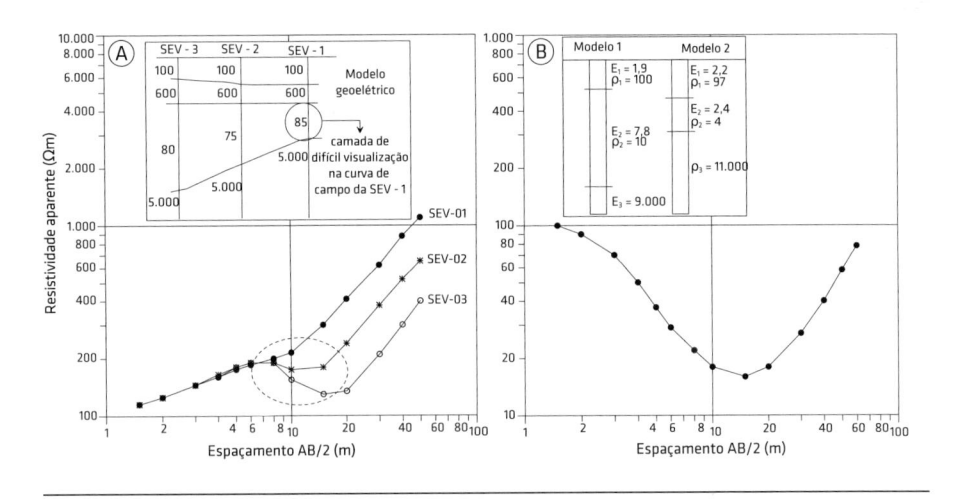

FIG. 2.32 *Ambiguidades no modelo de uma SEV*

Cabe destacar que o uso conjunto de dados de resistividade e de cargabilidade proporciona enormes vantagens apenas sobre a resistividade, pois, no subsolo, podem ocorrer camadas com respostas "IP" que não necessariamente correspondam a camadas de resistividade, mas que permitem identificá-las.

Para reduzir as ambiguidades, é fundamental a qualidade dos dados de campo, o conhecimento geológico da área estudada, a familiaridade do intérprete com os princípios teóricos básicos do método e técnica utilizados, bem como sua experiência. Em ensaios geofísicos pela técnica da sondagem elétrica vertical, é importante, tanto na interpretação dos dados obtidos como na redução das ambiguidades do modelo geoelétrico final, a execução de algumas SEVs de *calibração*, tal como ensaios executados junto a furos de sondagens mecânicas que contenham descrições geológicas confiáveis, visando obter uma modelagem adequada frente ao contexto geológico local.

A obtenção do modelo geoelétrico com seu ajuste nos dados de campo não deve ser efetuada isoladamente, mas sim considerando as demais SEVs executadas, seus modelos morfológicos e, principalmente, a geologia. Sem esse controle, existe o risco de o modelo não corresponder à realidade (ver ambiguidade – equivalência), lembrando que o computador/*software* não *interpreta*, apenas torna mais rápido e preciso o processamento dos dados de campo.

> Conferir a planilha "Interpretação", que apresenta a geologia/litologia correspondente em função dos valores de resistividade.

TÉCNICA DO CAMINHAMENTO ELÉTRICO 3

A técnica do caminhamento elétrico (CE) se baseia na análise e interpretação de um parâmetro geoelétrico, obtido com base em medidas efetuadas na superfície do terreno, com espaçamento constante entre os eletrodos AMNB. Por meio dessa técnica, investigam-se, ao longo de linhas, as variações laterais do parâmetro físico a uma ou mais profundidades determinadas; com isso, a direção da linha de investigação permanece fixa e o centro do arranjo AMNB varia com o seu desenvolvimento (Fig. 3.1).

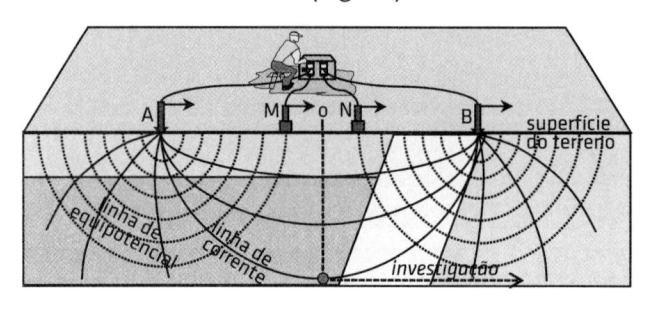

FIG. 3.1 Técnica do caminhamento elétrico

Quando sua investigação é programada para uma profundidade fixa, as medidas resultam num perfil geoelétrico 1D; já quando envolve mais profundidades, refere-se a uma seção geoelétrica 2D – *imageamento geoelétrico*. Os resultados obtidos podem ser expressos por meio de mapas (a uma ou mais profundidades determinadas) ou de seções (com várias profundidades de investigação).

3.1 Caminhamento Elétrico (CE)

Para o desenvolvimento dessa técnica, podem ser usados vários tipos de arranjo de desenvolvimento, como Schlumberger, Wenner, gradiente, dipolo-dipolo, polo-dipolo etc.

3.1.1 Arranjos Schlumberger e Wenner

Esses dois arranjos se caracterizam por, principalmente, investigar a variação lateral do parâmetro físico estudado com uma profundidade de investigação (resultados apresentados em perfis) ou várias profundidades (resultados em seções). Ao utilizar esses arranjos, recomenda-se o emprego de equipamentos e cabos adequados ao desenvolvimento dessa técnica, visando à qualidade dos resultados e à rapidez na coleta de dados.

A Fig. 3.2 apresenta os resultados de uma seção geoelétrica processada de acordo com um levantamento da técnica do CE utilizando o arranjo Schlumberger (mais adiante, a Fig. 3.15 exibirá os resultados obtidos com a utilização do arranjo Wenner). Os pontos de investigação, com profundidades e posicionamentos, seguem as recomendações teóricas para o desenvolvimento desse arranjo, descritas anteriormente na técnica da sondagem elétrica vertical.

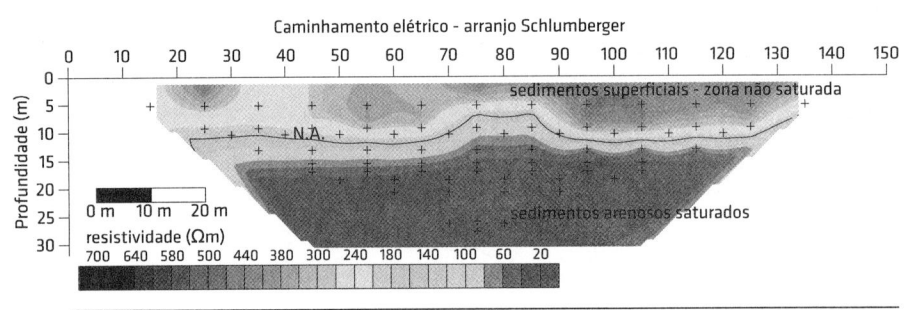

FIG. 3.2 *Seção geoelétrica – CE arranjo Schlumberger*

3.1.2 Arranjo gradiente

Arranjo utilizado para estudar uma área a uma ou mais profundidades de investigação, sendo, entretanto, usual e mais prática a investigação de uma profundidade fixa (espaçamento AB fixo). Ideal para estudar grandes estruturas, como falhas geológicas ou plumas de contaminação em estudos ambientais rasos. Pode ser desenvolvido com os métodos da eletrorresistividade, polarização induzida e potencial espontâneo. As Figs. 3.3 e 3.4 apresentam, respectivamente, o esquema de campo e de cálculo do coeficiente geométrico. A Eq. 3.1 calcula o coeficiente geométrico K.

3 TÉCNICA DO CAMINHAMENTO ELÉTRICO

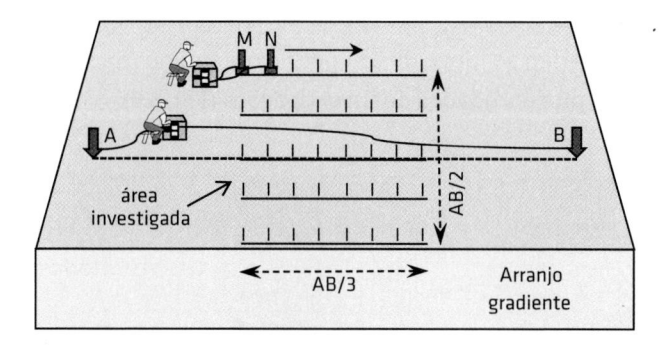

FIG. 3.3 Arranjo gradiente

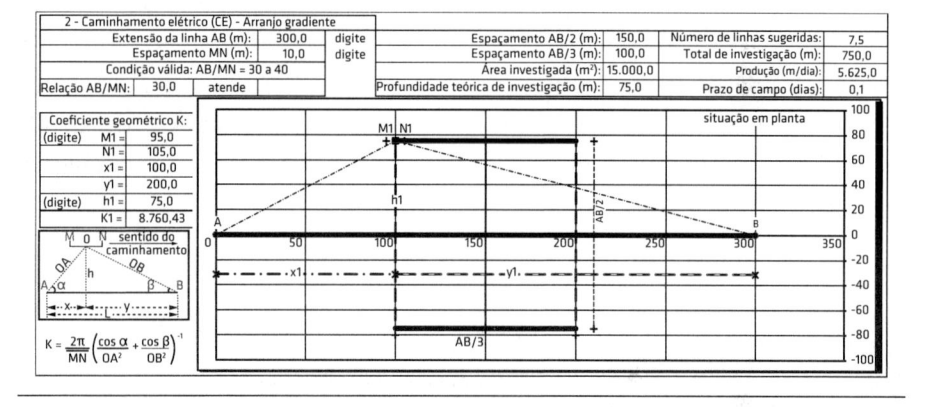

FIG. 3.4 Disposição e cálculo do coeficiente geométrico K – arranjo gradiente

$$K = \frac{2\pi}{MN} \left(\frac{\cos \alpha}{OA^2} + \frac{\cos \beta}{OB^2} \right)^{-1} \tag{3.1}$$

A Fig. 3.5 apresenta resultados obtidos pelo arranjo gradiente. No primeiro caso, tem-se o mapa de resistividade aparente de uma área contaminada por gasolina. No segundo caso, o mapa refere-se à resistividade aparente visando identificar um falhamento geológico para fins de locação de poços tubulares. Cabe salientar que a anomalia resistiva indica falhamento preenchido com material sem conteúdo em água.

3.1.3 Arranjo dipolo-dipolo

Nesse arranjo, os eletrodos de corrente (AB) e de potenciais (MN) são alinhados em uma mesma direção com espaçamento constante. No seu desenvolvimento, podem-se utilizar simultaneamente vários dipolos de recepção (MN) dispostos ao longo do sentido de aquisição de dados. Cada dipolo MN corresponde a um nível de investigação, podendo, a depender do caráter do trabalho, estudar as variações horizontais de um parâmetro geoelétrico ao longo de um perfil com um ou mais dipolos, atingindo várias profundidades de investigações (Fig. 3.6).

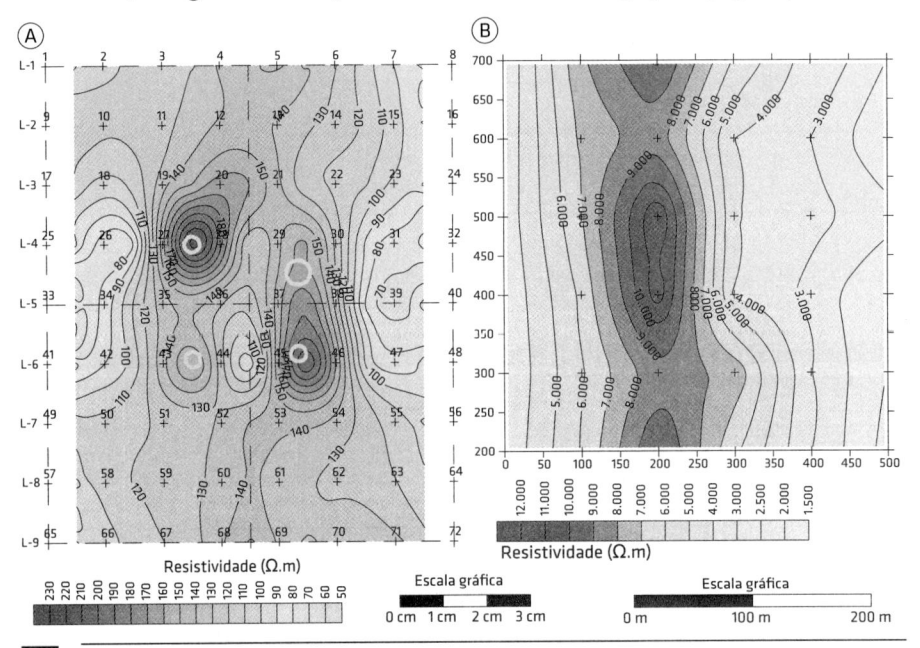

FIG. 3.5 CE: (A) contaminação e (B) falhamento

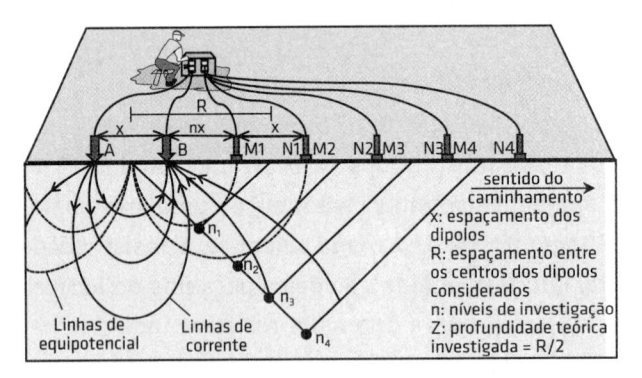

FIG. 3.6 Arranjo dipolo-dipolo

A profundidade teórica atingida em cada nível investigado é definida, segundo alguns autores, como $Z = R/2$ (metros), em que R é a distância entre os centros dos dipolos considerados (AB e MN). Entretanto, na prática, essa relação é mais próxima da realidade se for tomada como aproximadamente $R/4$.

O ensaio é desenvolvido ao longo de perfis previamente estaqueados, com espaçamento (x) constante, em função das profundidades de investigações requeridas, pois tanto o espaçamento entre os dipolos como os números de dipolos utilizados regulam as profundidades de investigações. Após a disposição do arranjo no terreno a e obtenção das leituras pertinentes, todo o conjunto é deslocado para a estaca seguinte e as leituras correspondentes são efetuadas, procedimento este que continua até o final do perfil a ser levantado.

O sistema de plotagem dos parâmetros geoelétricos é efetuado considerando-se como ponto de atribuição das leituras uma projeção de 45° a partir dos centros dos dipolos AB e MN até o ponto médio entre os centros desses dipolos. Após a plotagem de todos os parâmetros geoelétricos obtidos em um perfil levantado, tem-se uma pseudosseção de resistividade e/ou cargabilidade aparente. No método da eletrorresistividade, o parâmetro obtido – resistividade aparente – é determinado pela Eq. 2.10, na qual o coeficiente geométrico K, nesse caso, é dado pela Eq. 3.2.

$$K = 2\pi \; G \; x \quad \text{com} \quad G = \dfrac{1}{\dfrac{1}{n} - \dfrac{2}{n+1} + \dfrac{1}{n+2}} \tag{3.2}$$

em que: K = fator geométrico que depende da disposição dos eletrodos ABMN; x = espaçamento dos dipolos AB e MN adotado; n = nível de investigação correspondente.

A programação e aquisição dos dados de uma campanha pela técnica do CE dipolo-dipolo inclui, como na SEV, além das questões de organização, logística, infraestrutura etc., a escolha de espaçamento entre os eletrodos ABMN, a quantidade de níveis a serem investigados, espaçamentos ideais entre os perfis e, ainda, as direções das linhas.

> ▶ Conferir o infográfico "Arranjo dipolo-dipolo".

3.1.4 Espaçamento entre os eletrodos e níveis de investigação

Para os arranjos Schlumberger e Wenner, os espaçamentos entre os eletrodos para atingir determinadas profundidades de investigação (Z) seguem as considerações efetuadas para a técnica da SEV, ou seja, $Z_{teórico}$ = AB/4. Essa relação aplica-se também ao arranjo gradiente.

No arranjo dipolo-dipolo, o espaçamento x a ser utilizado deve ser definido conforme os objetivos do trabalho e a profundidade máxima de investigação a ser atingida, controlada pelo número de níveis investigados.

Para estudos envolvendo a locação de poços para captação de águas subterrâneas, em meios fraturados, recomenda-se adotar o espaçamento x = 40 m – mínimo de cinco níveis; para identificação de plumas de contaminação no meio geológico envolvendo os mais variados tipos de contaminantes, é possível utilizar o espaçamento x = 20 m – mínimo de cinco níveis.

Na escolha do espaçamento, é necessário considerar o número ideal de mudanças em função das dimensões da área estudada, para se obter uma seção representativa. É recomendado um mínimo de dez mudanças completas de cinco níveis, e que o arranjo tenha início e termine além da área de interesse de investigação (Figs. 3.7 e 3.8). A Fig. 3.9 apresenta um ábaco para auxiliar na programação desses ensaios, o qual deve ser utilizado como uma sugestão, sendo adaptações necessárias em virtude dos objetivos e da escala do trabalho.

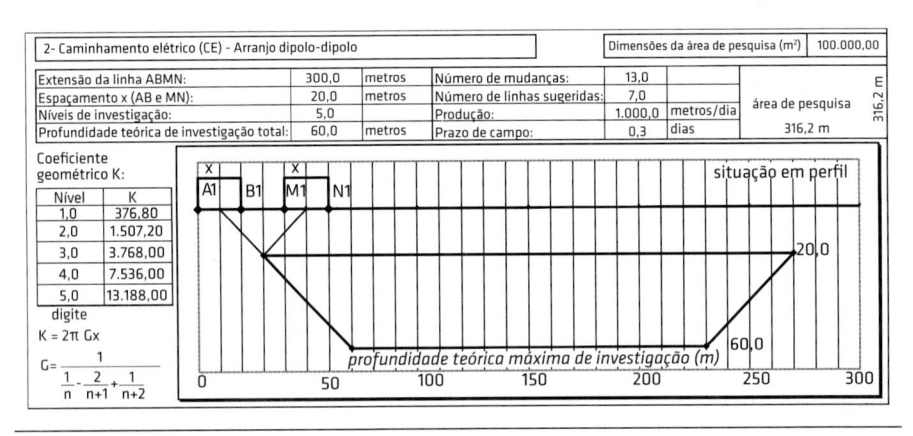

FIG. 3.7 Programação de CE-DD

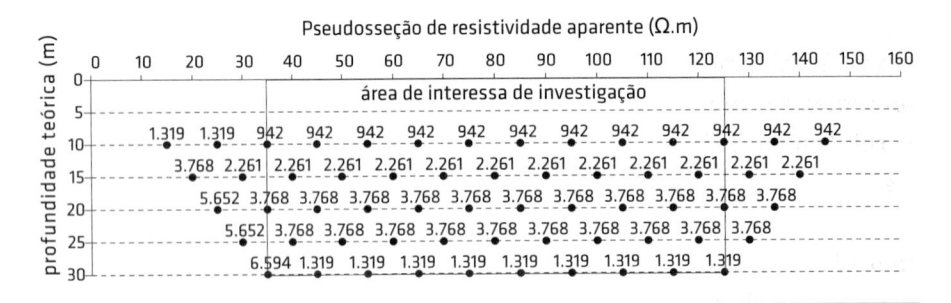

FIG. 3.8 Faixa de investigação das pseudosseções – CE-DD

3.1.5 Locação e expansão das linhas de investigação

Definida a escolha das direções e extensões das linhas a serem investigadas, em conformidade com a geologia e os objetivos do trabalho, é recomendada a marcação e numeração das linhas conforme o espaçamento programado, com numeração crescente no sentido do caminhamento. A direção de expansão da linha ABMN deve ser mantida, na medida do possível, perpendicular às estruturas geológicas (contatos, falhas etc.), procurando interceptar essas estruturas de interesse. As linhas devem ser, preferencialmente, paralelas e a uma distância entre si de duas vezes o espaçamento dos dipolos (x).

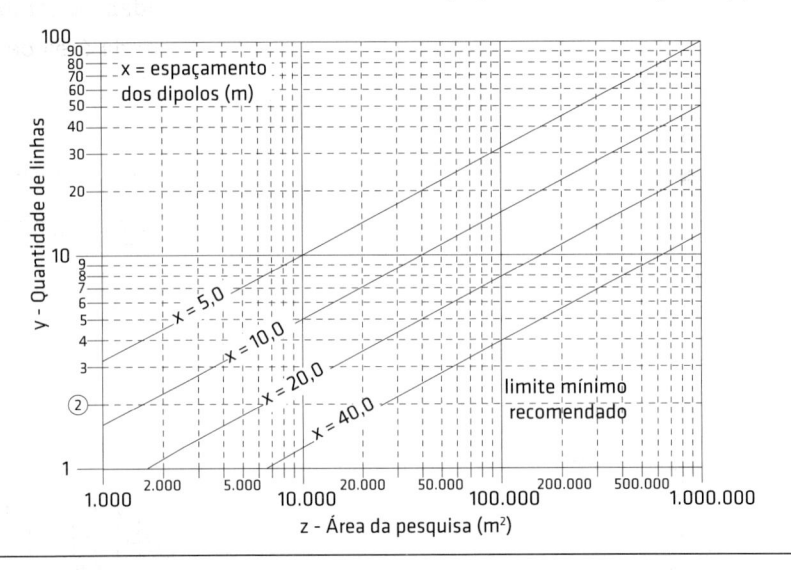

FIG. 3.9 *Ábaco para estimar o volume de trabalho em função das dimensões da área de estudo e do espaçamento utilizado*

A Fig. 3.10 ilustra o desenvolvimento de uma investigação de ocorrência de falhamento geológico, com diferentes resistividades dos materiais presentes em superfície e subsuperfície, situação em planta e resultado em perfil. Abaixo, à direita, uma ilustração de várias linhas de CE, com os perfis a serem investigados adaptados a uma situação prática com edificações.

A Fig. 3.11 foi elaborada com base no mapeamento de pluma de contaminação oriunda de aterro sanitário, onde as linhas devem ser programadas para acompanhar as curvas de nível (topografia do terreno) e perpendiculares ao provável sentido de migração da pluma, com destaque para o fluxo principal e secundário. O sentido de evolução da pluma de contaminação deve ser estimado previamente com base em mapas potenciométricos obtidos por SEVs. Recomenda-se a execução de pelo menos uma linha a montante do aterro, para referência comparativa na ausência de dados diretos como análises químicas.

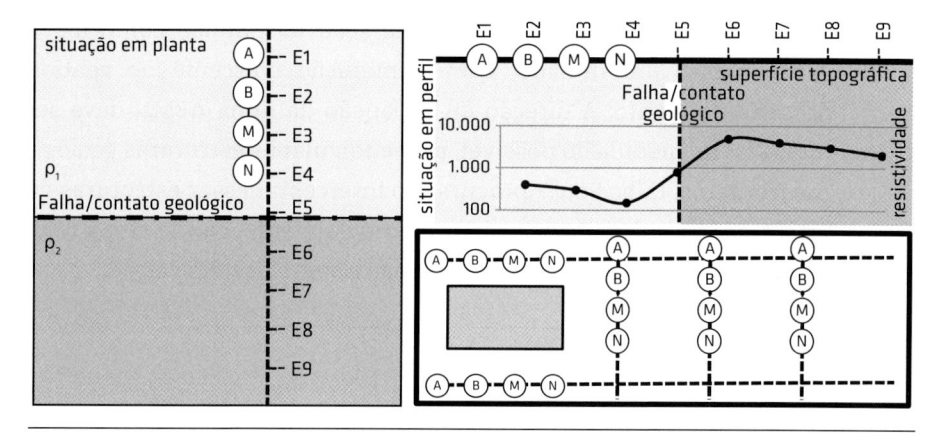

Fig. 3.10 Locação e expansão da linha ABMN – CE-DD

> Conferir o infográfico "CEDD – Locação e expansão da linha ABMN_1".

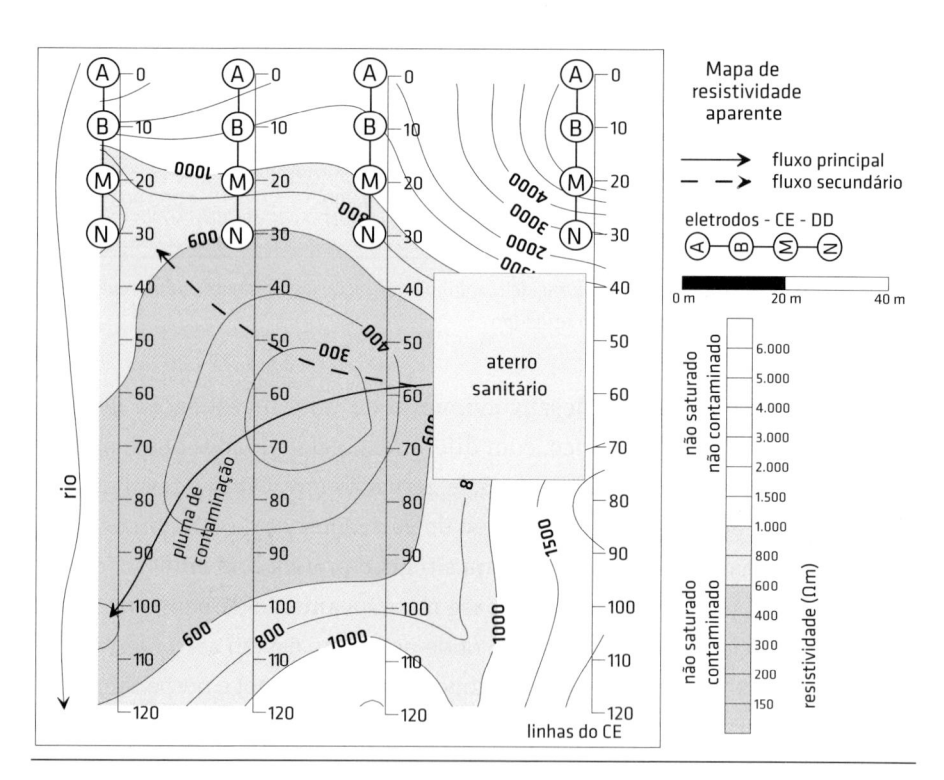

Fig. 3.11 Locação e expansão da linha ABMN

> Conferir o infográfico "CEDD – Locação e expansão da linha ABMN_2".

3.1.6 Procedimentos de campo

No desenvolvimento do CE, após a disposição dos eletrodos no terreno e obtenção das leituras pertinentes, todo o arranjo é deslocado para a posição seguinte e são efetuadas as leituras correspondentes, continuando esse procedimento até o final do perfil a ser levantado.

A Fig. 3.12 ilustra a disposição dos equipamentos e eletrodos no campo para o desenvolvimento dessa técnica. A Tab. 3.1 é um exemplo de planilha de campo com três mudanças, para dipolo de 10,0 m e cinco níveis de investigação.

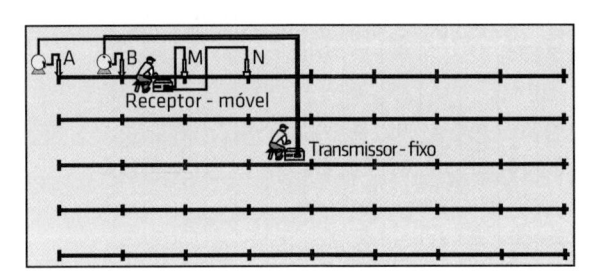

FIG. 3.12 *Desenvolvimento de campo – CE*

As medidas obtidas nesse ensaio devem ser analisadas com cuidado, pois não se dispõe de um controle de qualidade, como nos casos das SEVs. Um critério a ser adotado é analisar o valor do potencial medido ao longo dos níveis investigados, os quais diminuem com o aumento da profundidade. Contudo, contextos geológicos específicos podem alterar esse padrão.

3.1.7 Processamento e interpretação dos dados

A interpretação desses dados pode ser efetuada tanto em perfis como em mapas. Entretanto, é recomendado primeiramente interpretar os perfis individualmente e posteriormente, em conjunto, expressá-los por meio de mapas de isovalores. A Fig. 3.13 ilustra as etapas necessárias na interpretação de um CE.

* *etapa 1*: análise qualitativa das variações do parâmetro físico, com a possibilidade de definir o modelo qualitativo final;
* *etapa 2*: processamento dos dados, por meio de programas computacionais, obtendo as resistividades e/ou cargabilidades e espessuras reais das camadas geoelétricas – 2D;
* etapas 3, 4 e 5: associação com a geologia e definição do modelo geoelétrico final.

TAB. 3.1   PLANILHA DE CAMPO – CE-DD

Técnica: CE					Linha: 1			Cliente:		Equipamento:		
Arranjo: Dipolo-Dipolo				Espaçamento: 10,0				Área:		Data:		
	posição eletrodos				ΔV (mV)	I (mA)	K (m)	ρa (Ωm)	Ma (mS)	M1 (mS)	M2 (mS)	M3 (mS)
n	A	B	M	N								
1	0,0	10,0	20,0	30,0	1,500	0,30	188,40	942,0	2,3	2,5	2,3	2,1
2	0,0	10,0	30,0	40,0	0,080	0,30	753,60	201,0	2,0	2,3	2,0	1,8
3	0,0	10,0	40,0	50,0	0,050	0,30	1.884,00	314,0	1,9	2,0	1,9	1,7
4	0,0	10,0	50,0	60,0	0,020	0,30	3.768,00	251,2	2,5	2,8	2,5	2,2
5	0,0	10,0	60,0	70,0	0,010	0,30	6.594,00	219,8	2,5	2,9	2,5	2,1
1	10,0	20,0	30,0	40,0	0,080	0,05	188,40	301,4	2,3	2,4	2,3	2,2
2	10,0	20,0	40,0	50,0	0,020	0,05	753,60	301,4	2,0	2,3	2,0	1,8
3	10,0	20,0	50,0	60,0	0,010	0,05	1.884,00	376,8	1,7	1,9	1,7	1,5
4	10,0	20,0	60,0	70,0	0,005	0,05	3.768,00	376,8	2,0	2,5	2,0	1,7
5	10,0	20,0	70,0	80,0	0,010	0,05	6.594,00	1.318,8	2,2	2,3	2,2	2,1
1	20,0	30,0	40,0	50,0	0,080	0,02	188,40	753,6	2,5	2,6	2,5	2,4
2	20,0	30,0	50,0	60,0	0,045	0,02	753,60	1.695,6	2,7	2,8	2,7	2,5
3	20,0	30,0	60,0	70,0	0,025	0,02	1.884,00	2.355,0	2,9	3,0	2,9	2,7
4	20,0	30,0	70,0	80,0	0,013	0,02	3.768,00	2.449,2	2,8	2,9	2,8	2,5
5	20,0	30,0	80,0	90,0	0,010	0,02	6.594,00	3.297,0	2,7	2,8	2,7	2,5

3.1.8 Obtenção de pseudosseções

As pseudosseções de CE são assim denominadas, pois representam seções com profundidades teóricas de investigação cujos parâmetros geoelétricos (resistividade, cargabilidade) são considerados aparentes. A plotagem dos dados segue a configuração do arranjo utilizado. A Fig. 3.14 ilustra uma pseudosseção de resistividade aparente, com cinco níveis de investigação e espaçamento x = 10,0 m, conforme obtida e calculada no campo, para o arranjo dipolo-dipolo.

A Fig. 3.15 apresenta uma pseudosseção obtida pelo arranjo Wenner, com cinco níveis de investigação e espaçamento de 40 m.

Determinados níveis com valores pontuais muito discrepantes em relação à seção, sem indicativos de origem geológica, devem ser retirados das seções e desconsiderados no processamento. Existem vários *softwares* para o traçado das curvas de isovalores.

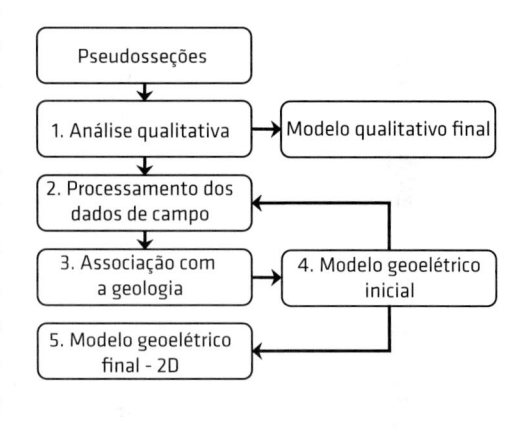

Fig. 3.13 *Etapas na interpretação – CE*

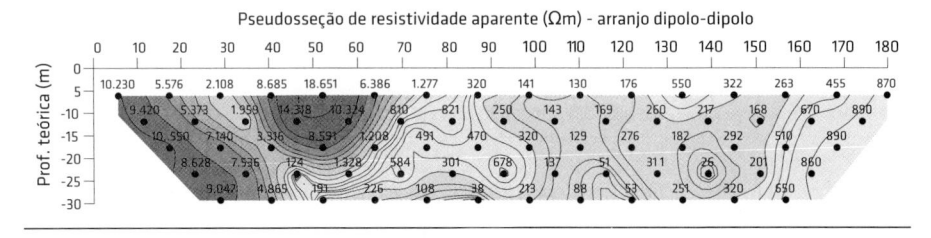

Fig. 3.14 *Pseudosseção de resistividade aparente – CE-DD*

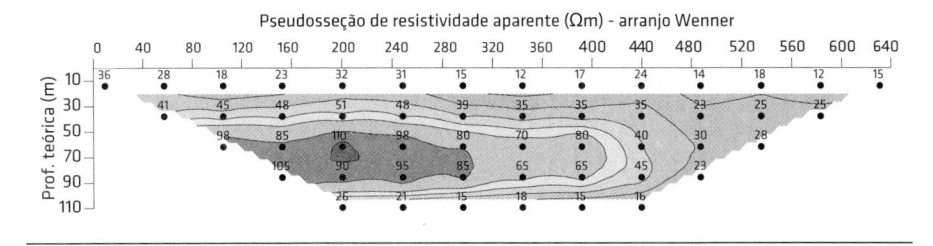

Fig. 3.15 *Pseudosseção de resistividade aparente – CE-Wenner*

3.1.9 Interpretação qualitativa e processamento dos dados

Normalmente, as anomalias resultantes do uso do arranjo dipolo-dipolo, de corpos ou estruturas geológicas refletem dois flancos anômalos nas pseudosseções, um em função dos eletrodos de potenciais e outro em função dos eletrodos de corrente. A forma desses flancos anômalos reflete o sistema de plotagem do arranjo dipolo-dipolo, ou seja, 45° de inclinação.

A Fig. 3.16 ilustra essa situação na qual uma estrutura, localizada no centro da linha, com mergulho vertical, expressa sua posição nas pseudosseções, com os flancos anômalos em função dos eletrodos de corrente e potencial. A intensidade desses flancos na pseudosseção varia de acordo com a geologia local, sendo comum apenas um flanco com alta e o outro com pequena ou até com intensidade inexistente.

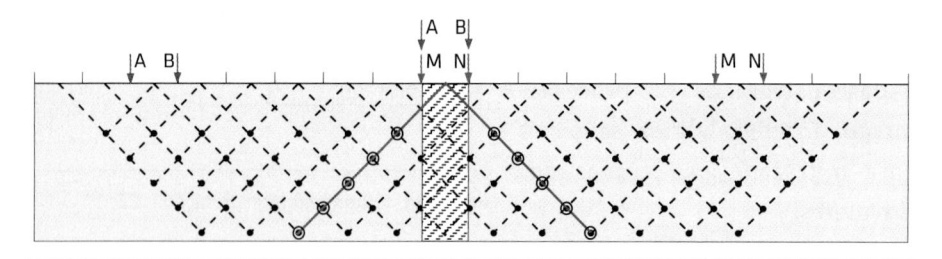

FIG. 3.16 *Representação dos flancos de uma anomalia – CE-DD*

Conferir o infográfico "CEDD - Flancos da anomalia".

Na Fig. 3.17, a intensidade variável dos flancos de uma pseudosseção pode ser visualizada, sendo identificado um corpo de diabásio, solo não saturado e saturado argiloso. Na seção processada, a rocha intrusiva é evidenciada com mergulho no sentido do início da linha. Levantamento magnetométrico desenvolvido no local permitiu o claro reconhecimento desse litotipo.

3.1.10 Desenvolvimento do método do potencial espontâneo

Um dos dispositivos utilizados no desenvolvimento desse método é o "arranjo de potenciais" ou arranjo de base fixa, que consiste em deter-

3 TÉCNICA DO CAMINHAMENTO ELÉTRICO

minar diretamente a diferença de potencial de uma série de estações com relação a um ponto fixo de referência (Orellana, 1972). As estações são de intervalos iguais sobre várias linhas paralelas entre si, programadas com referência a uma linha-base perpendicular a elas. Um dos eletrodos de potencial permanece fixo na origem (N) e o outro eletrodo (M) se desloca ao longo da linha (Fig. 3.18). Dessa maneira, são obtidos valores da diferença de potencial entre as estacas levantadas.

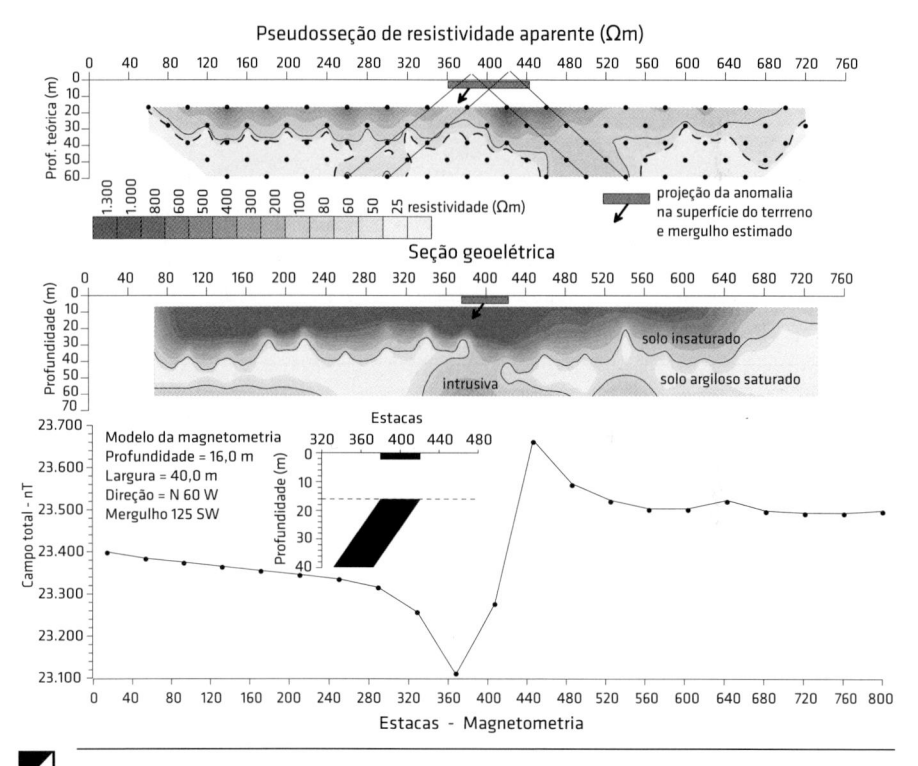

FIG. 3.17 *Interpretação qualitativa e processamento dos dados – CE-DD e perfil magnetométrico*

Correções de polarização nos eletrodos entre as estações de uma linha e entre as linhas devem ser efetuadas e os valores corrigidos utilizados na interpretação final. As sequências dessas correções são ilustradas na Fig. 3.19.

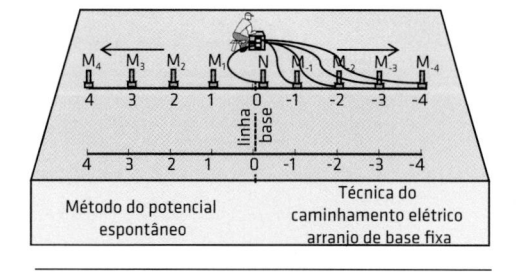

FIG. 3.18 *Desenvolvimento do método do potencial espontâneo*

i) *correção entre estações da mesma linha* (polarização 1): com os eletrodos N e M_{P1} ao lado, mede-se a diferença de potencial entre eles, valor esse que deve ser corrigido nas demais leituras efetuadas ao longo da linha;

ii) *correção entre linhas* (polarização 2): com o eletrodo N na primeira linha e o eletrodo M_{P2} na segunda, efetua-se a leitura, a qual deve ser somada com a correção descrita anteriormente (i) e aplicada à segunda linha – *correção entre estações da mesma linha* – e assim sucessivamente.

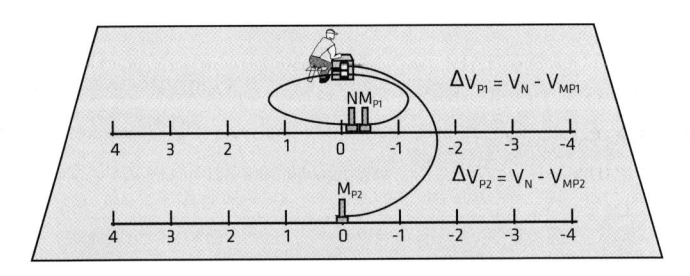

FIG. 3.19 Correções de polarização nas leituras de campo

Parte II
Aplicação dos métodos geoelétricos

A técnica da SEV utilizando o método da eletrorresistividade é um importante instrumento de apoio em estudos envolvendo as águas subterrâneas, tendo como aplicação principal a investigação de aquíferos aluvionares (sedimentos inconsolidados) e aquíferos sedimentares (rochas sedimentares), visando à locação de poços tubulares para a captação de águas subterrâneas.

Em áreas de rochas calcárias e cristalinas (rochas ígneas e metamórficas), envolvendo a identificação de aquíferos, respectivamente, cársticos e fraturados, a técnica da SEV não apresenta resultados satisfatórios. Entretanto, a técnica do CE (método da eletrorresistividade), inicialmente muito empregada na prospecção mineral, é aplicada com bastante frequência em estudos referentes a esses aquíferos. Em estudos ambientais envolvendo a contaminação das águas subterrâneas, as técnicas da SEV e CE (método da eletrorresistividade) têm sido utilizadas em conjunto com grande sucesso, tanto no que se refere à precisão dos resultados obtidos quanto aos custos e prazos relativamente reduzidos, resultando em um excelente apoio à programação de amostragem e análises diretas. Em estudos geológico-geotécnicos, a eletrorresistividade, definida por meio da SEV, tem bons resultados, indicando o estado de compactação dos sedimentos, tal como demonstrou Braga (1997), relacionando o grau de compactação das rochas sedimentares com os parâmetros geoelétricos de resistividade e espessura das formações.

No estabelecimento de uma campanha por meio dos métodos geoelétricos, a estratégia metodológica adotada é importante para se atingir com sucesso os objetivos propostos. A Fig. II.1 apresenta uma sequência de etapas básicas a um projeto que considere a geofísica como ferramenta de investigação em potencial. Após o estabelecimento do tema do projeto com os objetivos gerais, a compilação de dados preexistentes é importante, pois além de fornecer dados geológicos sobre a área, pode proporcionar informações, como topografia, acidentes naturais etc. Essas características, dependendo das condições, podem inviabilizar uma determinada metodologia geoelétrica.

Para melhor entendimento e utilização dos métodos geoelétricos em estudos envolvendo as águas subterrâneas, com a definição da metodologia mais adequada e posterior processamento dos dados, interpretação e obtenção de seus produtos finais, devem-se considerar, inicialmente, os objetivos gerais e a geologia local, ou seja:

* *objetivos gerais*: i) captação de águas subterrâneas; ii) caracterização da contaminação de solos, rochas e águas subterrâneas.
* *geologia local – caracterizar*: i) sedimentos inconsolidados – aquíferos granulares; ii) rochas sedimentares – aquíferos granulares e cársticos; iii) rochas cristalinas – aquíferos fraturados.

Quando o projeto visa à *captação* de águas subterrâneas, é necessário considerar a geologia local: sedimentos inconsolidados (aquífero tipo granular aluvionares), rochas sedimentares (aquíferos granulares ou cársticos) ou rochas cristalinas (aquíferos fraturados). No caso de sedimentos inconsolidados e rochas sedimentares, a utilização dos métodos da eletrorresistividade e polarização induzida, em conjunto, possibilita uma caracterização litológica mais consistente, além da definição relativa do grau de argilosidade e, indiretamente, da transmissividade local. Em rochas cristalinas, a cargabilidade pode indicar a presença de materiais argilosos preenchendo as fraturas, preferencialmente saturadas.

Fig. II.1 *Etapas de uma campanha geoelétrica*

Quando o trabalho envolve *estudos ambientais* visando a um diagnóstico de solos, rochas e águas subterrâneas frente a prováveis contaminantes, os parâmetros geoelétricos determinados refletem o meio investigado, ou seja, solos e rochas saturados, incluindo as águas subterrâneas, ou não saturados. Nesses estudos, deve-se considerar, inicialmente, além da geologia, a fase do empreendimento, por exemplo, se o aterro sanitário, indústria, refinaria de combustíveis etc. já existem (pós-empreendimento) ou se estão em fase de implantação (pré-empreendimento).

Na fase *pré-empreendimento* (investigação preliminar ou preventiva), os métodos geoelétricos auxiliam na caracterização da geologia, determinação do nível d'água e elaboração de mapas potenciométricos, caracterizando, ainda, a área quanto ao grau de proteção de determinada camada geológica frente a contaminantes.

Na fase *pós-empreendimento* (investigação confirmatória), envolvendo delimitação, remediação e monitoramento, deve-se considerar a provável ocorrência de plumas de contaminação. Nesse caso, os métodos geoelétricos podem delimitar eventuais plumas, tanto lateralmente como em profundidade, auxiliando a locação de poços de monitoramento e orientando suas instalações quanto a eventuais riscos de perfuração de tanques enterrados contendo resíduos, ou de dutos e galerias subterrâneas. Pode-se estimar, ainda, por meio da Geofísica, áreas e volumes para as atividades de remoção e remediação de solos contaminados.

Condicionantes hidrogeológicos, como sedimentos inconsolidados (porosidade granular), rochas sedimentares (porosidade granular ou cárstica) ou rochas cristalinas (porosidade de fratura), também devem ser considerados na análise dos resultados. Como a metodologia geoelétrica utilizada é a mesma, os sedimentos inconsolidados são incorporados nas discussões das rochas sedimentares. De modo geral, nos estudos visando à captação e à contaminação de águas subterrâneas em sedimentos inconsolidados e rochas sedimentares, envolvendo aquíferos granulares, deve-se recorrer a técnicas cujos princípios teóricos se baseiem em situações semelhantes a modelos geológicos do meio estratigráfico – bacias sedimentares, cujas camadas devem ocorrer aproximadamente plano-paralelas à superfície do terreno.

No caso de rochas sedimentares (aquíferos cársticos) e rochas cristalinas (aquíferos fraturados), as técnicas adequadas devem permitir o estudo lateral das estruturas geológicas, preferencialmente em áreas de elevada complexidade litofaciológica ou onde existem descontinuidades estruturais como fraturas e falhamentos, contatos geológicos, diques etc. Nesse caso, a variação lateral do parâmetro físico é o principal objetivo, em detrimento dos resultados de uso de SEVs nesse contexto. Portanto, em função do ambiente geológico, pode-se resumir a aplicação de técnicas de investigação conforme descrito no Quadro II.1 e ilustrado na Fig. II.2.

QUADRO II.1 APLICAÇÃO DAS TÉCNICAS GEOELÉTRICAS

Ambiente geológico	Condições para definir a metodologia geoelétrica	Técnica de investigação
Sedimentos inconsolidados e rochas sedimentares (aquíferos granulares)	Desenvolvida com base na superfície do terreno; espaçamentos entre os eletrodos A-B crescentes; levantamento pontual estudando as variações verticais do parâmetro físico medido; centro do arranjo AMNB *fixo* durante todo o desenvolvimento do ensaio.	Sondagem elétrica vertical

Quadro II.1 Aplicação das técnicas geoelétricas (continuação)

Ambiente geológico	Condições para definir a metodologia geoelétrica	Técnica de investigação
Rochas sedimentares (aquíferos cársticos) e rochas cristalinas (aquíferos fraturados)	Desenvolvida com base na superfície do terreno; espaçamentos entre os eletrodos A-B e M-N constantes; levantamento efetuado ao longo de perfis, estudando as variações laterais do parâmetro físico medido, centro do arranjo AMNB, *não permanece fixo* durante todo o desenvolvimento do ensaio.	Caminhamento elétrico

> Conferir o infográfico "Tipos de aquífero".

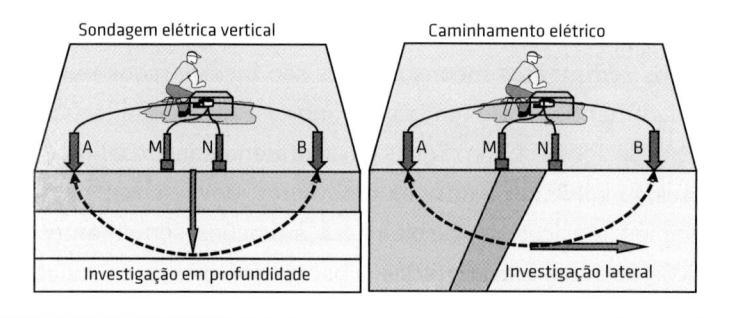

Fig. II.2 *Principais técnicas de investigação dos métodos geoelétricos*

Com base nos objetivos gerais e nas características geológicas da área de interesse, podem-se definir os *objetivos específicos* da pesquisa, tais como: identificação litológica, identificação de aquíferos sedimentares ou fraturados, confecção de mapas potenciométricos etc. Em razão disso, pode-se definir a *metodologia geoelétrica adequada*. Com base nesse estabelecimento metodológico, obtêm-se produtos finais com segurança e confiabilidade, visando atingir os objetivos propostos do trabalho.

Na definição da metodologia geoelétrica adequada, além dos condicionantes citados anteriormente e em função da classificação dos métodos geoelétricos proposta, deve-se considerar os objetivos específicos do trabalho e certos critérios de análises que precisam estar claramente definidos. O Quadro II.2 apresenta uma relação dos critérios a serem considerados para, juntamente com as condições citadas anteriormente, definir a metodologia adequada com melhor precisão. Os Quadros II.3 e II.4 apresentam a metodologia ideal na captação de águas subterrâneas e estudos ambientais, com os objetivos específicos principais (produtos) a serem obtidos, utilizando o método da eletrorresistividade. A Fig. II.3 esquematiza a metodologia ideal nesses estudos envolvendo a captação e contaminação das águas subterrâneas, considerando a geologia local e em função da resolução do método/técnica de investigação.

QUADRO II.2 CRITÉRIOS DE ANÁLISE NA DEFINIÇÃO DA METODOLOGIA GEOELÉTRICA ADEQUADA

Profundidade de investigação	Uso e ocupação do solo (questões ambientais): métodos e técnicas geofísicas de estudos rasos. Captação de águas subterrâneas: métodos e técnicas geofísicas de estudos relativamente profundos.
Espessura e forma do corpo	Alvos com pequena espessura, localizados a grande profundidade, podem não ser detectados dependendo da técnica utilizada. Alvos planos paralelos à superfície do terreno sugerem técnicas de investigação diferentes de alvos verticais ou subverticais à superfície do terreno.
Contrastes de propriedades físicas	Dependendo do contexto geológico, determinados métodos geofísicos não apresentam contrastes de propriedades físicas entre o corpo de interesse e o meio.
Poder de resolução, custo e rapidez	Os métodos e técnicas a serem utilizadas devem aliar a capacidade de atingir os objetivos propostos com custos dos ensaios e prazos adequados.
Topografia e área de estudo	Superfícies muito acidentadas e áreas ocupadas por instalações diversas podem inviabilizar determinadas técnicas, de forma que são recomendadas adaptações ou o uso de outros métodos de investigação mais adequados ao contexto.

QUADRO II.3 METODOLOGIA E PRODUTOS GEOELÉTRICOS – CAPTAÇÃO

Objetivos gerais	Fases do empreendimento	Geologia	Porosidade	Objetivos específicos – principais produtos	Técnica
Captação de águas subterrâneas	Avaliação hidrogeológica – Identificação de aquíferos promissores (locação de poços)	Sedimentos inconsolidados e/ou rochas sedimentares	Granular	Nível d'água – Mapa potenciométrico	SEV
				Associação com parâmetros hidráulicos	
				Litologia e topo rochoso	
				Profundidade e espessura do aquífero	SEV
				Contato água doce / salgada	
				Cavidades nos solos ou lentes	
			Cárstica	Carstes	CE
		Rochas cristalinas	Fratura	Fraturas e falhamentos	

Quadro II.4 Metodologia e produtos geoelétricos – contaminação

Objetivos gerais	Fases do empreendimento	Geologia	Porosidade	Objetivos específicos – principais produtos	Técnica
Estudos ambientais - Contaminação de solos, rochas e águas subterrâneas	Investigações prévias – Pré	Sedimentos inconsolidados e/ou rochas sedimentares	Granular	Nível d'água – Mapa potenciométrico	SEV
				Associação com parâmetros hidráulicos	
				Litologia e topo rochoso	SEV
				Cavidades nos solos	
			Cárstica	Carstes	CE
		Rochas cristalinas	Fratura	Fraturas e falhamentos	
	Investigações confirmatórias – Pós	Sedimentos inconsolidados e/ou rochas sedimentares	Granular	Nível d'água – Mapa potenciométrico	SEV
				Litologia e topo rochoso	SEV
				Plumas de contaminação	
				Cavidades nos solos	
			Cárstica	Carstes e contaminação	CE
		Rochas cristalinas	Fratura	Fraturas, falhamentos e contaminação	
	Investigações para remediação e monitoramento – Pós	Sedimentos inconsolidados e/ou rochas sedimentares	Granular	Nível d'água – Mapa potenciométrico	SEV
				Litologia e topo rochoso	SEV
				Evolução das plumas de contaminação	
				Cavidades nos solos	
			Cárstica	Carstes e contaminação	CE
		Rochas cristalinas	Fratura	Fraturas, falhamentos e contaminação	

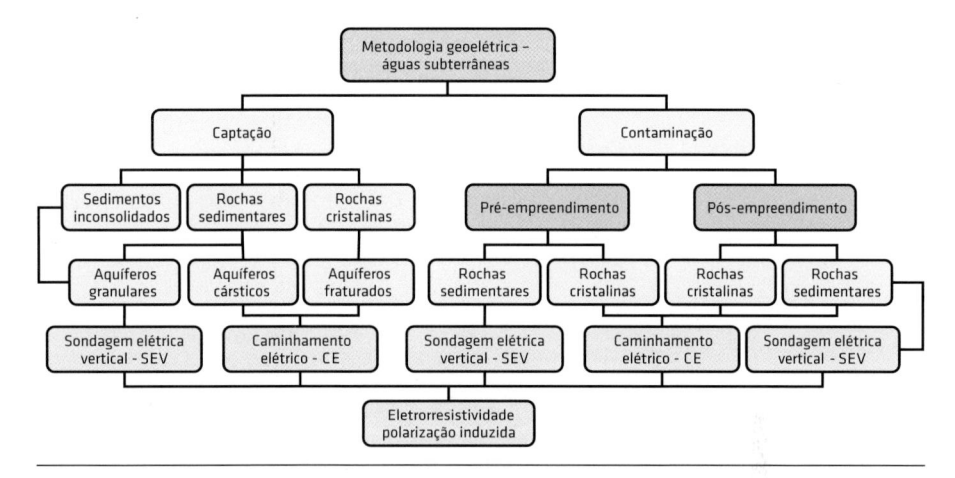

FIG. II.3 *Metodologia geoelétrica – captação e contaminação de águas subterrâneas*

> Conferir a planilha "Metodologia", que sugere a metodologia geoelétrica mais adequada considerando geologia, profundidade de investigação e uso e ocupação do solo.

Métodos geoelétricos na captação de águas subterrâneas

4

A aplicação dos métodos geoelétricos na investigação de aquíferos deve ser subdividida conforme a geologia da área: em rochas sedimentares e rochas cristalinas. Cada situação envolve metodologias geofísicas específicas e mais adequadas aos estudos. Quando a metodologia empregada é inadequada, acaba gerando produtos totalmente inconsistentes e imprecisos. Os aquíferos devem ser analisados conforme suas principais características, tais como: *rochas sedimentares* – aquíferos granulares e cársticos (envolvendo aquíferos costeiros) – e *rochas cristalinas* – aquíferos fraturados, ou sedimentares de elevada complexidade faciológica.

A Fig. 4.1 apresenta a metodologia recomendada (métodos, técnicas e arranjos) em estudos visando à captação de águas subterrâneas e os principais produtos a serem obtidos.

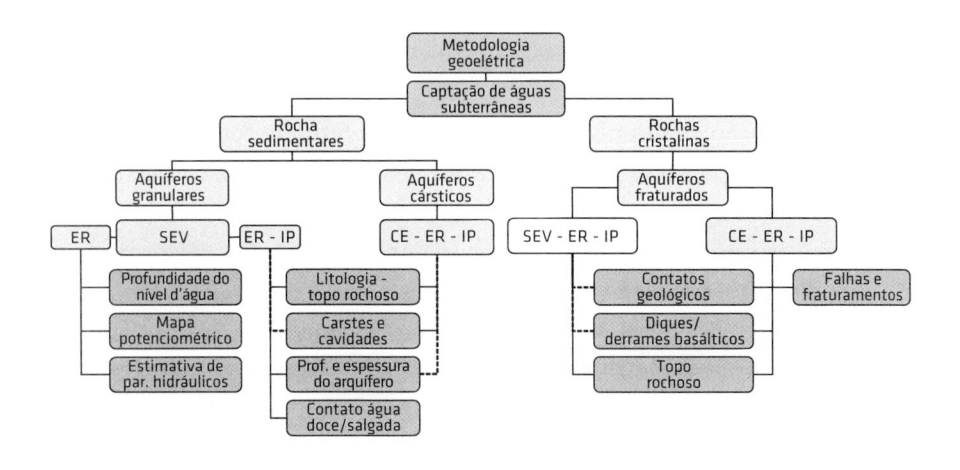

FIG. 4.1 *Metodologia em investigação para captação de água subterrânea*

4.1 Aplicações em Investigações Hidrogeológicas

4.1.1 Aquíferos granulares

Após a análise qualitativa das curvas de campo identificando os vários níveis geoelétricos presentes, efetuam-se o processamento dos dados por meio de *softwares* adequados, procurando determinar as resistividades e espessuras reais das diferentes litologias presentes, definindo-se a estratigrafia geoelétrica inicial da área (Fig. 4.2).

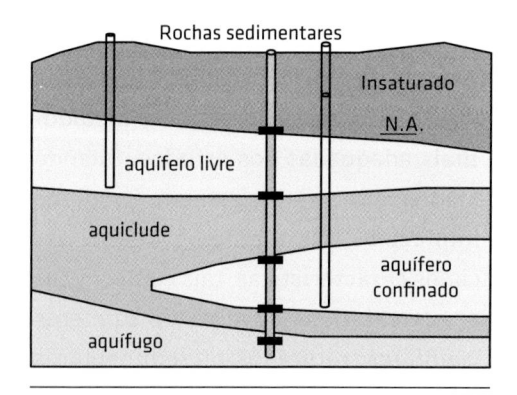

FIG. 4.2   *Aquíferos granulares*

Nessa fase, cabe destacar que, na definição do modelo inicial, a inversão conjunta dos dados de resistividade e cargabilidade podem contribuir para diminuir a ambiguidade da interpretação – efeito de supressão de camadas. A Fig. 4.3 ilustra um caso no qual as camadas geoelétricas referentes ao segundo e quinto níveis são perfeitamente identificadas na curva de cargabilidade aparente, enquanto a curva da resistividade não identifica com clareza esses níveis. Esse tipo de supressão de camada (quinto nível) ocorre não tanto em função de espessuras reduzidas, mas mais em função dos contrastes de resistividades, uma vez que um nível geoelétrico com alta resistividade pode dificultar a identificação de outro subjacente. Pode ocorrer a situação inversa, na qual a definição de um nível geoelétrico seria efetuada com base na curva de resistividade aparente, não sendo clara sua identificação na cargabilidade.

Para determinar a profundidade do nível d'água (N.A.), delimitando as zonas não saturada e saturada, recomenda-se a SEV-ER. Ela deve ser efetuada, inicialmente, de maneira qualitativa nas curvas de campo, procurando identificar as "quebras" nos valores de resistividade aparente. A Fig. 4.4 ilustra duas situações típicas de SEVs executadas em áreas de rochas sedimentares. A parte inicial das curvas é do tipo K, evidenciando, nas duas primeiras camadas geoelétricas, as porções do solo não saturado: zona de evapotranspiração e retenção. A terceira camada, que corresponderia à franja capilar, pode variar em função da litologia local.

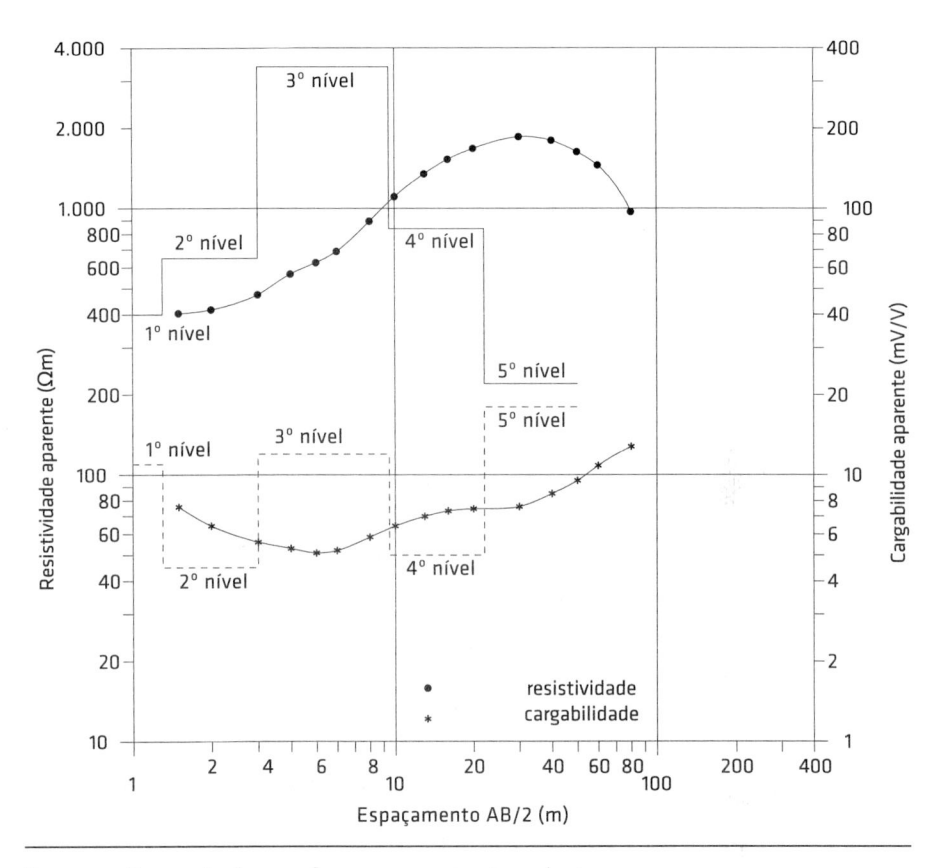

FIG. 4.3 *Supressão de camada em processamento conjunto*

Na SEV-01, a franja capilar praticamente não ocorre, ou ocorre, mas com espessuras pequenas, apresentando uma queda acentuada nos valores (AB/2 = 6,0 a 8,0) – curva tipo KH, característica de sedimentos arenosos. A SEV-02 apresenta uma inflexão intermediária na queda dos valores (AB/2 = 20,0), caso típico de sedimentos argilosos, resultando na ocorrência da franja capilar de espessura significativa, identificada nas curvas de campo – curva tipo KQH.

Ressalta-se a importância da identificação da ocorrência ou não da franja capilar, pois a profundidade do N.A. pode variar significativamente, resultando em erros grosseiros. Portanto, o conhecimento geológico da área e dados de poços rasos é fundamental para um resultado satisfatório.

Após a quantificação do modelo inicial, é necessária a correlação com os dados geológicos disponíveis, visando definir o tipo litológico identificado nas camadas geoelétricas – modelo geoelétrico final (Fig. 4.5). Na zona não saturada, os valores de resistividade apresentam uma ampla gama de variação, em virtude, principalmente, das variações no teor de umidade nesse horizonte. Dessa maneira os valores de resistividade não caracterizam a litologia local, mas apenas podem indicar a ocorrência estratigráfica das faixas de evapotranspiração, retenção e capilar.

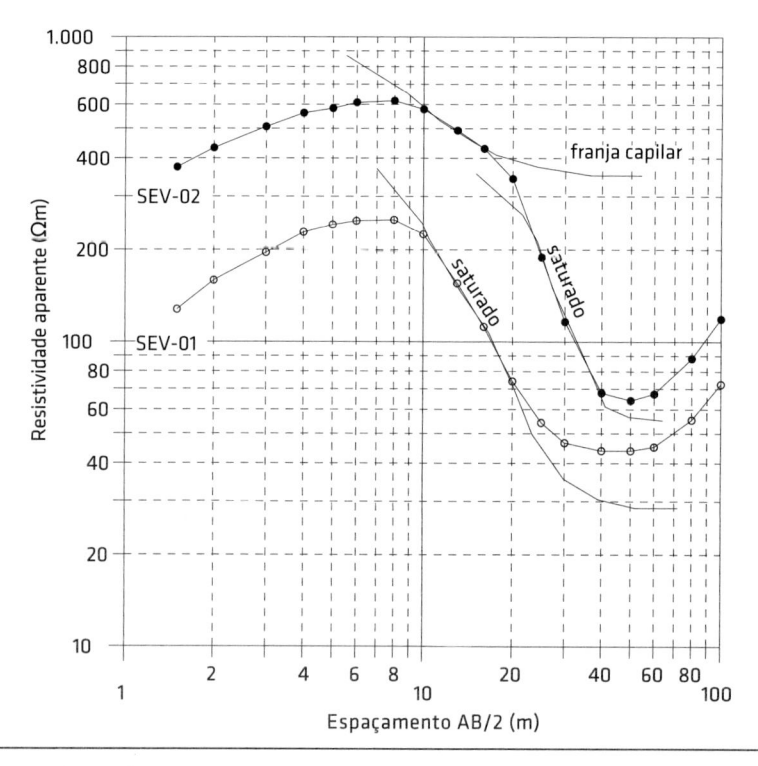

FIG. 4.4 *Curva de campo e o N.A. – SEV*

SEV		Modelo geoelétrico	
1,5	$\rho_1 = 1.200$	evapotranspiração	Zona não saturada
12,0	$\rho_2 = 5.000$	retenção	
15,0	$\rho_3 = 300$	capilar N.A.	
30,0	$\rho_5 = 80$	Sedimentos arenosos	Zona saturada
65,0	$\rho_4 = 10$	Sedimentos argilosos	
	$\rho_6 = 300$	Rocha sã - basalto	

FIG. 4.5 *Modelo geoelétrico*

Na zona saturada, os valores de resistividade definem, em termos de predominância, as diferentes litologias presentes em função do conhecimento geológico da área em questão. Portanto, para identificar camadas geológicas com potencial aquífero para captação de águas subterrâneas em rochas sedimentares, pode-se basear nos intervalos apresentados no Quadro 4.1.

QUADRO 4.1 POTENCIAL AQUÍFERO EM FUNÇÃO DA RESISTIVIDADE E LITOLOGIA

Resistividade (Ωm)	Litologia (predominante)	Características hidrogeológicas
< 20	Argiloso	Aquiclude
20 a 40	Argiloarenoso	Aquitardo
40 a 300	Arenoso	Aquífero

Uma aplicação importante do método da eletrorresistividade está relacionada ao estudo para captação de água subterrânea em aquíferos sedimentares costeiros (Fig. 4.6), onde intrusões salinas podem ocorrer. Esse método apresenta excelentes resultados na identificação da cunha salina. Em perfis longitudinais à linha de costa, pode-se empregar tanto a técnica da SEV como a do CE.

4.1.2 AQUÍFEROS CÁRSTICOS

Neste tipo de aquífero, um caso particular de bacias sedimentares – rochas calcárias (Fig. 4.7), é importante tanto a caracterização dos materiais de maneira pontual (SEV) quanto a caracterização de estruturas descontínuas à superfície do terreno (CE),

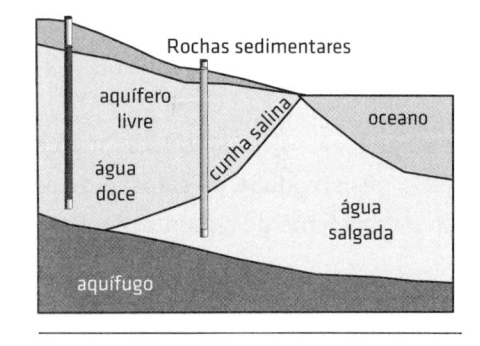

FIG. 4.6 *Aquíferos sedimentares costeiros*

como no caso de falhamentos e cavidades por dissolução do material calcário. A principal técnica recomendada nesse caso é o CE, ao passo que a técnica de SEV pode ser utilizada para determinar o topo das camadas, nível d'água etc. Como os resultados e produtos obtidos pelo CE em rochas calcárias são semelhantes aos obtidos em rochas cristalinas, eles serão discutidos no subitem rochas cristalinas.

4.1.3 RESISTIVIDADE E OS PARÂMETROS HIDRÁULICOS

O parâmetro físico resistividade pode ser correlacionado a certos parâmetros importantes utilizados na Hidrogeologia, como a porosidade, a condutividade, a hidráulica e a transmissividade. Essas correlações,

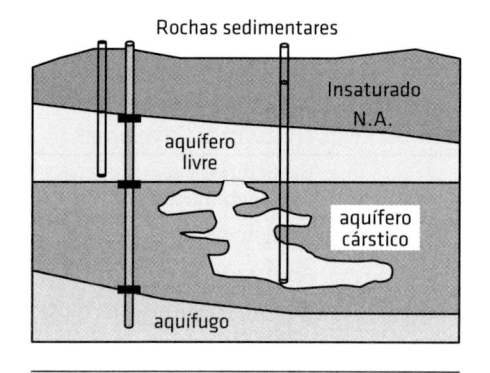

FIG. 4.7 *Aquíferos cársticos*

mesmo apresentando um caráter aproximado, podem contribuir no entendimento dos modelos hidrogeológicos de uma determinada área de estudo, minimizando os custos e prazos dos projetos.

As relações entre as resistividades de uma formação aquífera saturada não argilosa, a do eletrólito que preenche seus poros e a porosidade total podem ser estimadas pelo coeficiente F (fator de formação) (Archie, 1942). Esse fator pode ser calculado pelas Eqs. 4.1 e 4.2:

$$F = \frac{\rho_R}{\rho_W}, \text{ e} \qquad (4.1)$$

$$P^m = \frac{1}{F} \qquad (4.2)$$

em que ρR = resistividade média da rocha (matriz e poros incluídos); ρW = resistividade da solução de saturação dos poros; P = porosidade total; m = coeficiente de cimentação. Das equações anteriores, tem-se:

$$P^m = \frac{\rho_W}{\rho_R} \qquad (4.3)$$

Medidas de porosidade em laboratório permitem calcular m; senão, tomando ρW = 10 Ωm e a Eq. 4.1, pode-se estimar a porosidade com base no gráfico da Fig. 4.8. Vacúolos isolados não são considerados, portanto, obtém-se a porosidade total comunicante. Assume-se que, para valores de porosidade total > 45%, predominam sedimentos argilosos.

O gráfico da Fig. 4.8 apresenta a correlação fator de formação/porosidade com a litologia dos sedimentos definida pelos valores de resistividade. Na faixa de sedimentos argiloarenosos (20 < ρ < 40 Ω), valores de porosidade > 45% indicam muito pouco material arenoso; já valores de porosidade < 45% indicam aumento na ocorrência de areias. O aumento da granulometria dos sedimentos implica um aumento dos valores de resistividade e, consequentemente, uma diminuição de porosidade.

* curva 1 (m = 1,3): formação fofa – sedimentos inconsolidados;
* curva 2 (m = 1,9): rocha consolidada com porosidade intersticial (quartzitos, arenitos);
* curva 3 (m = 2,35): rocha consolidada, para a qual a porosidade resultante da fissuração é mais importante que a de interstício (calcários, derrames basálticos).

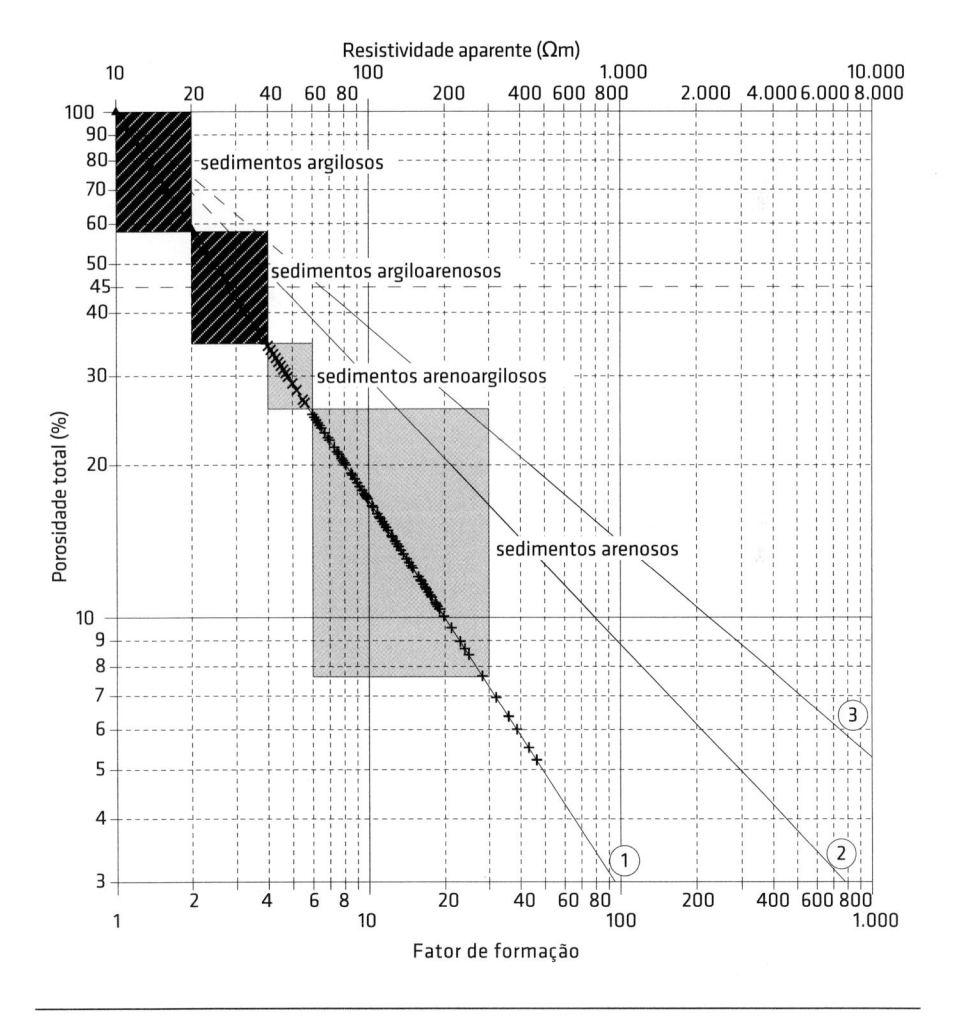

FIG. 4.8 *Fator de formação e a porosidade*
Fonte: adaptado de Archie (1942).

A condutividade hidráulica (K) e a transmissividade (T) de uma camada geológica podem ser correlacionados com os parâmetros geoelétricos resistividade (ρ) e espessura (E) das camadas processadas. Como demonstraram, entre outros, Henriet (1975) e Griffiths (1976), a resistividade elétrica de sedimentos arenosos e argilosos saturados pode ser diretamente proporcional à condutividade hidráulica, portanto, a resistência transversal unitária T_{DZ} – Dar Zarrouk (T_{DZ} = E ρ) pode ser correlacionada com a transmissividade de uma camada (T = E K). A Fig. 4.9 apresenta a relação da resistividade com a condutividade hidráulica, sugerindo uma equação para estimar esse parâmetro hidrogeológico, com base na resistividade da camada saturada.

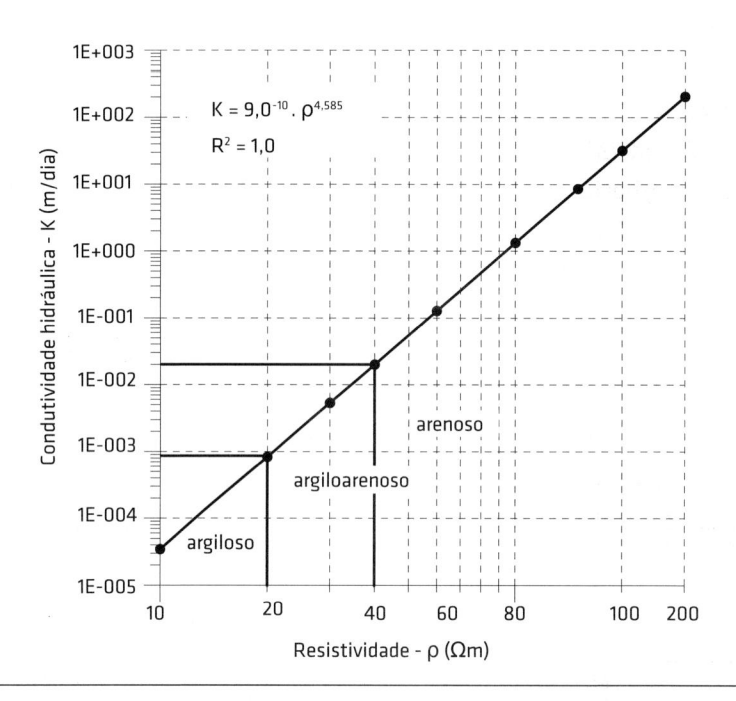

FIG. 4.9 *Relação entre a resistividade e a condutividade hidráulica*

Em certas situações, não ocorre relação direta entre parâmetros. A Fig. 4.10A ilustra sedimentos de granulometria média a fina com uma resistividade ρ_1, e a Fig. 4.10B corresponde a sedimentos de mesma granulometria com a ocorrência de seixos com uma resistividade ρ_2. Nesse caso, tem-se: $\rho_1 < \rho_2$, mas: $K_1 > K_2$.

Em estudos hidrogeológicos em rochas sedimentares, a elaboração de mapas de resistência transversal referente a uma determinada camada de interesse contribui de forma significativa para esses estudos, podendo dirigir a locação dos poços tubulares em alvos mais promissores.

A Tab. 4.1 apresenta uma relação dos parâmetros resistividade, espessura e resistência transversal, com indicativos de camadas geológicas mais promissoras para a captação de águas subterrâneas (aquífero), variando de muito fraco a muito bom (classes de potencialidade). O ábaco da Fig. 4.11 ilustra essa relação com as variações nos valores de T e destaca a relação ideal entre os parâmetros em cada classe.

Após identificar no modelo geoelétrico o(s) horizonte(s) arenoso(s) – *provável aquífero* ($\rho > 40$ Ωm) – calcula-se a resistência transversal dessa(s) camada(s) e aplica-se a relação proposta adiante, determinando os locais mais promissores na locação de poços para captação. Ressalta-se que o nível arenoso identificado normalmente apresenta pequena variação no seu valor de resistividade.

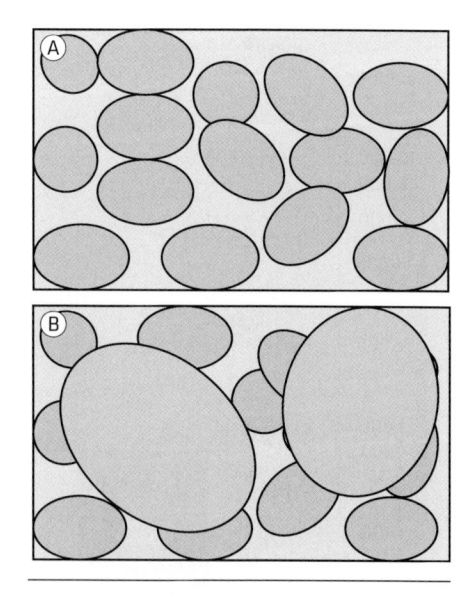

FIG. 4.10 *Relação entre a resistividade e a condutividade hidráulica*

TAB. 4.1 CLASSES DE POTENCIALIDADE DE AQUÍFEROS EM FUNÇÃO DA RESISTÊNCIA TRANSVERSAL

Características hidrogeológicas	Classes de potencialidade	Resistividade (Ωm)	Espessura (m)	Resistência transversal (Ωm^2)
Aquiclude	Muito fraco	< 20	< 10	< 200
Aquitardo	Fraco	20 a 40	10 a 20	200 a 800
Aquífero	Médio	40 a 80	20 a 40	800 a 3.200
Aquífero	Bom	80 a 120	40 a 80	3.200 a 9.600
Aquífero	Muito bom	> 120	> 80	> 9.600

Na correlação com a transmissividade de aquíferos, como sugestão, pode-se adotar os valores de T ≥ 3.200 Ωm^2 como adequados em termos de potencial aquífero. A Fig. 4.12 ilustra as aplicações comentadas anteriormente para uma seção geoelétrica. Para a camada aquífera, observa-se um aumento da resistividade no sentido da SEV-04; consequentemente, pode-se assumir um aumento da condutividade hidráulica. Conforme aumenta a resistividade e espessura da camada nesse sentido, aumenta também a resistência transversal unitária, com respectivo aumento da transmissividade.

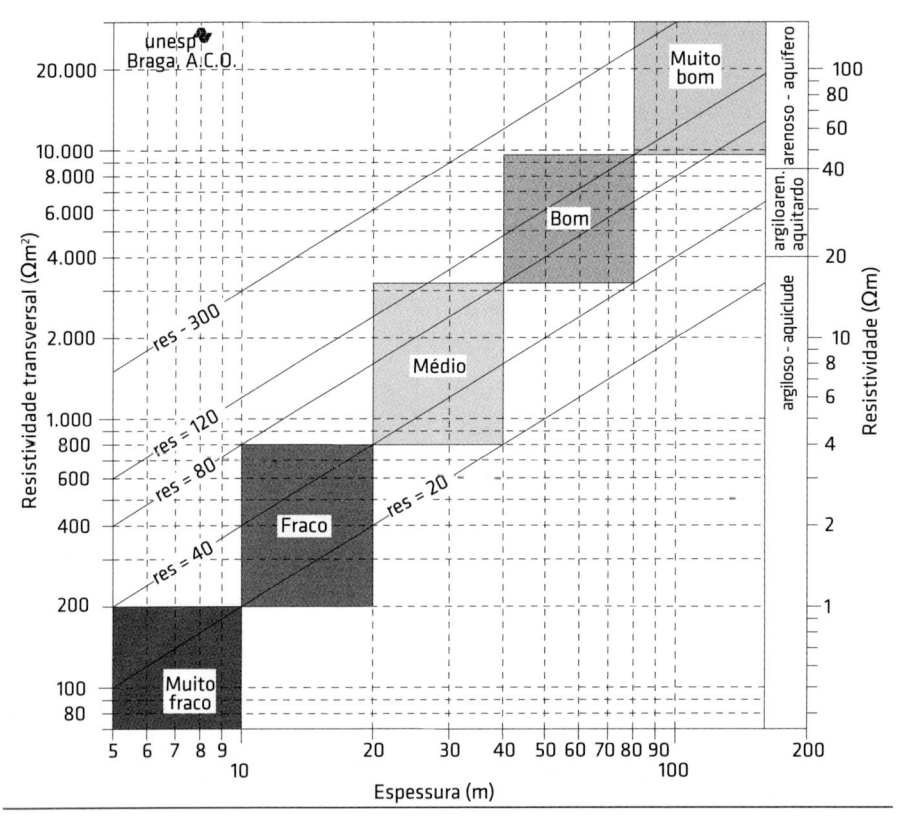

FIG. 4.11 *Características hidrogeológicas e as classes de potencialidade em função da resistência transversal*

Conferir a planilha "Parâmetros hidráulicos", que correlaciona a transmissividade de aquíferos com parâmetros geoelétricos – resistência transversal Dar Zarrouk.

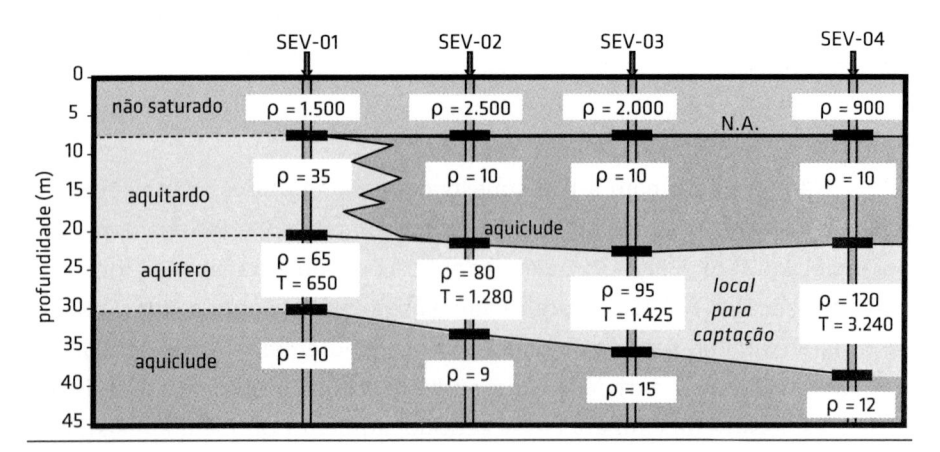

FIG. 4.12 *Relação resistência transversal unitária/transmissividade do aquífero*

4.1.4 Aquíferos fraturados

Na captação de águas subterrâneas em terrenos cristalinos, o aquífero é constituído por falhas e/ou fraturas nas rochas, normalmente não paralelas à superfície do terreno. O objetivo principal da Geofísica é definir o posicionamento desses falhamentos e/ou fraturamentos em superfície, indicando o sentido de mergulho. Conforme discutido anteriormente, a técnica mais adequada para esse fim é a do caminhamento elétrico, aliado aos métodos da eletrorresistividade e polarização induzida.

Esse tipo de aquífero é composto de rochas compactas, nas quais a água ocorre ocupando fissuras, fendas ou fraturas dessa rocha (Fig. 4.13). Nesse caso em particular, devido à complexidade, essa discussão inclui os aquíferos cársticos (rochas sedimentares). Com base no CE investigando as variações laterais e em profundidade, é possível posicionar em superfície a zona de anomalia condutora (associada a falhamentos e/ou fraturamentos saturados), bem como uma estimativa de mergulho.

Recomenda-se o mínimo de três linhas topográficas de levantamento; já no caso de utilização do arranjo dipolo-dipolo, por exemplo, sugere-se o espaçamento entre os dipolos x = 40 m e, no mínimo, cinco níveis de investigação, os quais atingiriam uma profundidade teórica total de 120 m, satisfatória para se identificarem anomalias significativas. De modo geral, as resistividades das rochas cristalinas (por exemplo, granito, gnaisses) e calcárias possuem valores elevados, apresentando um bom contraste com as zonas fraturadas e/ou falhadas saturadas com água – faixas de baixa resistividade.

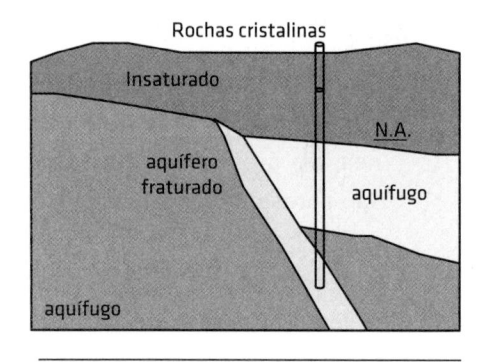

FIG. 4.13 *Aquíferos fraturados*

Inicialmente, a determinação das anomalias geofísicas pode ser efetuada qualitativamente, nas pseudosseções, posicionando-as na superfície do terreno, com o mergulho indicado. Mapas dos vários níveis investigados podem ser traçados, procurando localizar, em planta, as direções das zonas de interesse, em várias profundidades de investigação, constituindo uma visão tridimensional. A Fig. 4.14 mostra uma pseudosseção de CE-DD com os flancos condutores identificados e associados a fraturamento na rocha. A ocorrência desses flancos se deve ao sistema do arranjo dipolo-dipolo.

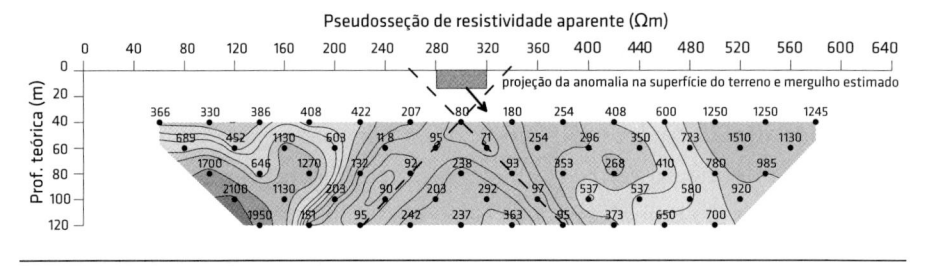

FIG. 4.14 *Pseudosseção de resistividade aparente e anomalia condutora associada a fraturamento na rocha*

4.2 Casos históricos

4.2.1 Aquíferos granulares

Caso 1

A Fig. 4.15 mostra um caso de SEV-ER executada com a finalidade de auxiliar a locação de poço tubular para captação de água subterrânea, em área de afloramento do grupo Tubarão, na bacia do Paraná. São apresentadas as curvas de resistividade aparente e resistividade real, modelo geoelétrico e o perfil do poço tubular perfurado ao lado. A sequência estratigráfica local indicava uma perfuração de risco, espessa intrusão de diabásio e incerteza na ocorrência de aquíferos promissores em profundidade (formação Itararé). Após a perfuração do poço tubular, com uma vazão de 12 m³/h, os dados obtidos mostraram a boa precisão do modelo geoelétrico obtido previamente.

Na Fig. 4.16 tem-se uma SEV executada em área sedimentar para captação rasa. O modelo identifica um estrato geoelétrico com $\rho = 45$ Ωm que poderia indicar o aquífero procurado. Esse valor, relativamente baixo, sugere que esse pacote deve corresponder a um aquitardo. Considerando as classes da resistência transversal DZ para aquíferos potenciais, esse aquífero apresenta uma resistividade típica para classe de aquífero *médio*, entretanto, sua elevada espessura resulta em um T = 6.300, o que o classifica como aquífero *bom*.

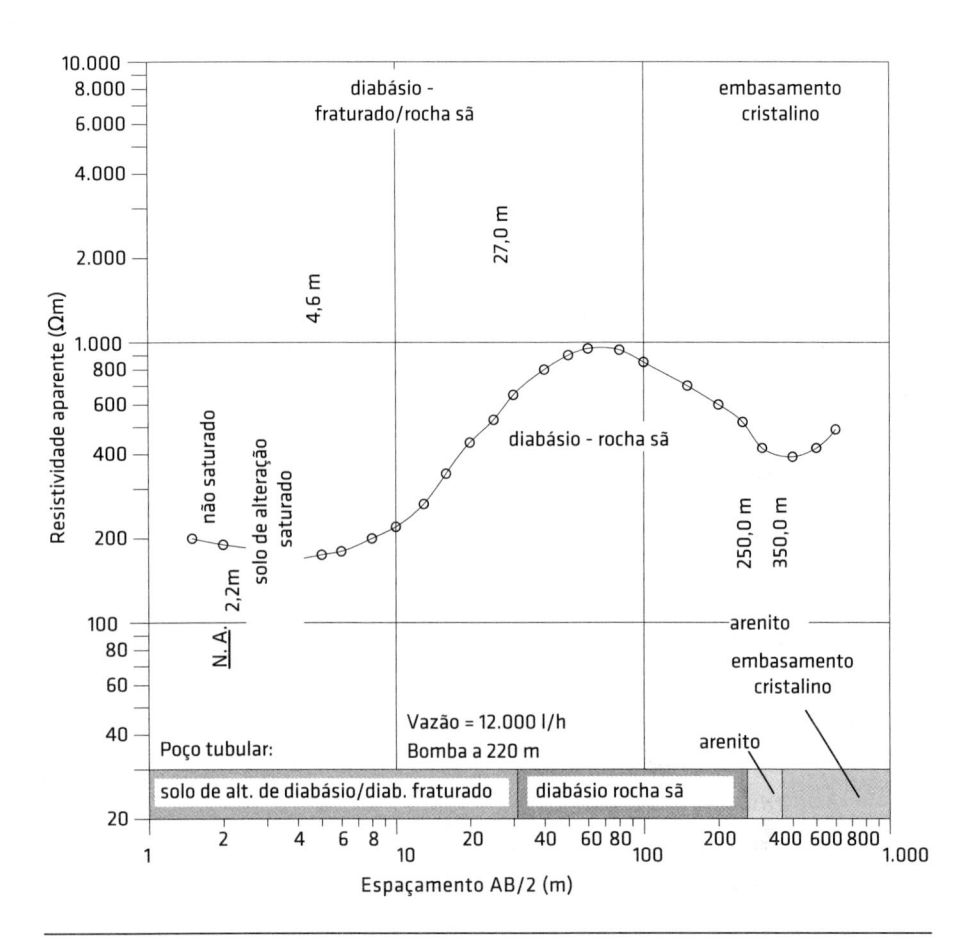

FIG. 4.15 SEV na locação de poço tubular

Caso 2 – SEVs profundas

Na Fig. 4.17 têm-se duas SEVs (SEV-051/76 e SEV-040/76), com espaçamento atingido AB/2 = 10 km, investigando a estratigrafia da bacia sedimentar do Paraná, no município de Ivaiporã. O pacote de sedimentos mesozoicos e/ou paleozoicos engloba as formações geológicas localizadas estratigraficamente entre os basaltos da formação Serra Geral e as rochas do embasamento cristalino. Nesse caso, o indicativo de aquífero promissor seria a base do basalto/topo da formação Botucatu, aquífero Guarani. O aquífero raso é representado por rochas do grupo Bauru, com resistividades típicas de sedimentos predominantemente arenosos.

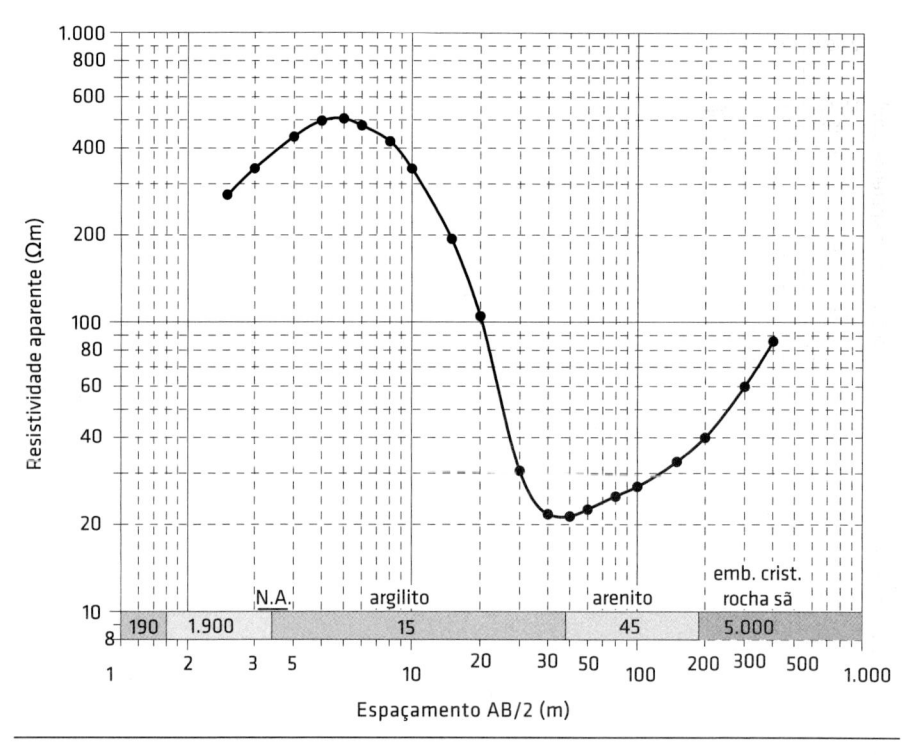

FIG. 4.16 SEV – Bacia sedimentar

Caso 3

A Fig. 4.18 apresenta o modelo de uma SEV executada em áreas de afloramento do grupo Tubarão – bacia do Paraná (SP). Tem-se, a 56,0 m de profundidade, a ocorrência de um horizonte arenoso, com resistividade de 81 Ωm e espessura de 81,77 m. Pela classificação dos aquíferos promissores em função do parâmetro resistência transversal (T = 6.623 Ωm²), tem-se um aquífero bom. Essa camada arenosa deve proporcionar uma boa vazão de captação.

Caso 4

Em ensaios na bacia do Paraná, com o objetivo de determinar as profundidades do arenito Botucatu visando à captação de água subterrânea, desenvolvidos pela SEV, as Figs. 4.19 e 4.20, mostram, respectivamente, os mapas do topo do basalto e arenito e um perfil geoelétrico resultante. Com base nesses dados, foi possível indicar locais adequados para a perfuração.

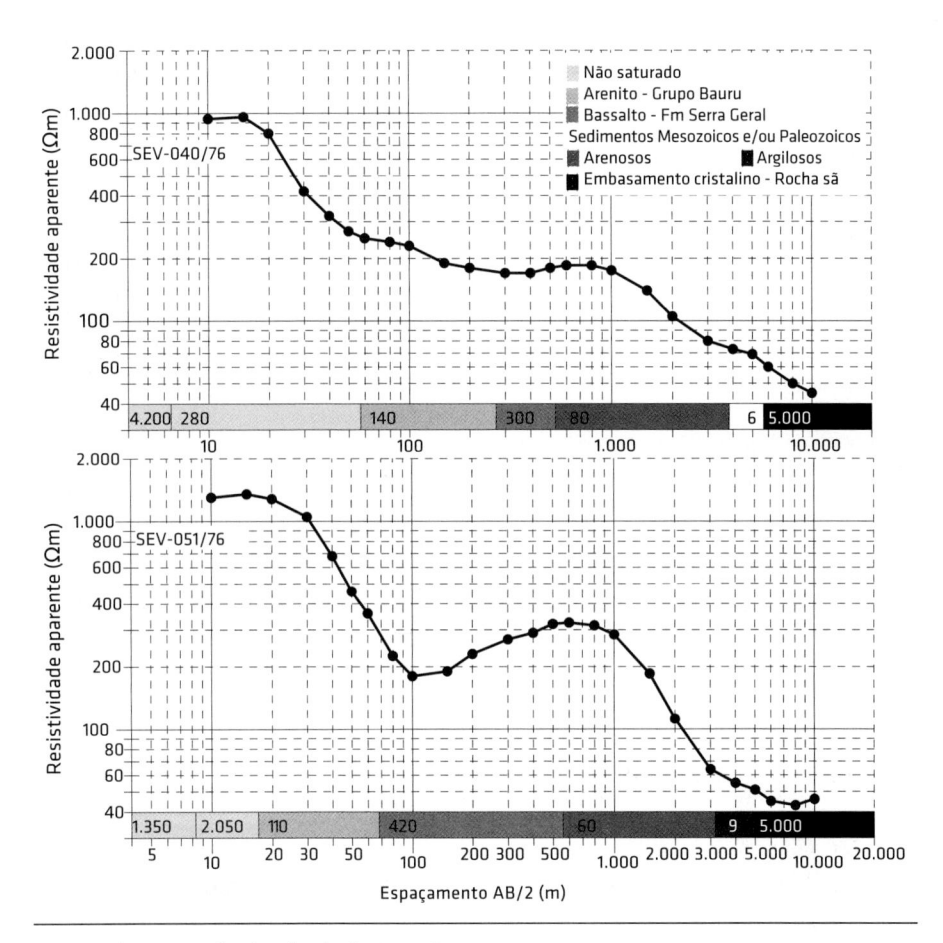

FIG. 4.17 *SEV profunda – bacia do Paraná*

Caso 5

A Fig. 4.21 ilustra uma SEV-ER executada visando à locação de poços tubulares para fins de captação de águas subterrâneas, determinando os locais mais promissores para a captação, na região do município de São José do Rio Preto (SP) (grupo Bauru – bacia sedimentar do Paraná). Na zona saturada, foram identificados dois estratos geoelétricos: um com predominância de silte e outro com predominância de areia – arenito. A Fig. 4.22 ilustra em dois perfis os resultados obtidos das SEVs e dos poços tubulares locados.

A Tab. 4.2 apresenta o modelo com os locais mais promissores para captação, considerando a resistividade e a resistência transversal Dar Zarrouk (conforme Tab. 4.1). Ressalta-se que nesse caso as variações são pequenas, podendo o poço ser indicado no local da SEV-02, distante do rio.

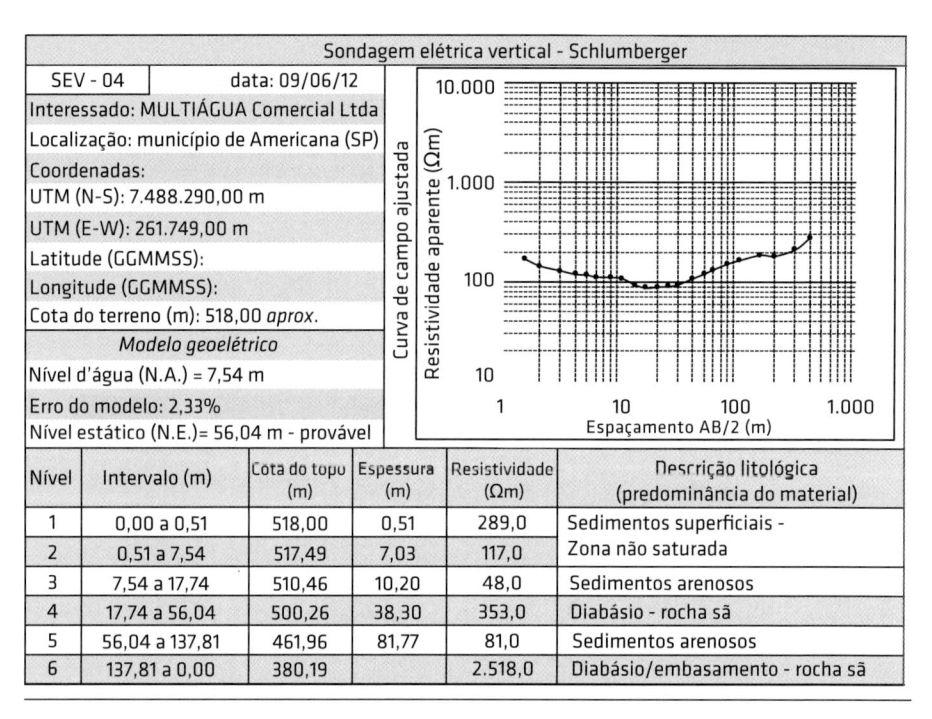

Sondagem elétrica vertical - Schlumberger		
SEV - 04	data: 09/06/12	
Interessado: MULTIÁGUA Comercial Ltda		
Localização: município de Americana (SP)		
Coordenadas:		
UTM (N-S): 7.488.290,00 m		
UTM (E-W): 261.749,00 m		
Latitude (GGMMSS):		
Longitude (GGMMSS):		
Cota do terreno (m): 518,00 aprox.		
Modelo geoelétrico		
Nível d'água (N.A.) = 7,54 m		
Erro do modelo: 2,33%		
Nível estático (N.E.)= 56,04 m - provável		

Nível	Intervalo (m)	Cota do topo (m)	Espessura (m)	Resistividade (Ωm)	Descrição litológica (predominância do material)
1	0,00 a 0,51	518,00	0,51	289,0	Sedimentos superficiais - Zona não saturada
2	0,51 a 7,54	517,49	7,03	117,0	
3	7,54 a 17,74	510,46	10,20	48,0	Sedimentos arenosos
4	17,74 a 56,04	500,26	38,30	353,0	Diabásio - rocha sã
5	56,04 a 137,81	461,96	81,77	81,0	Sedimentos arenosos
6	137,81 a 0,00	380,19		2.518,0	Diabásio/embasamento - rocha sã

FIG. 4.18 SEV em área do grupo Tubarão – bacia do Paraná

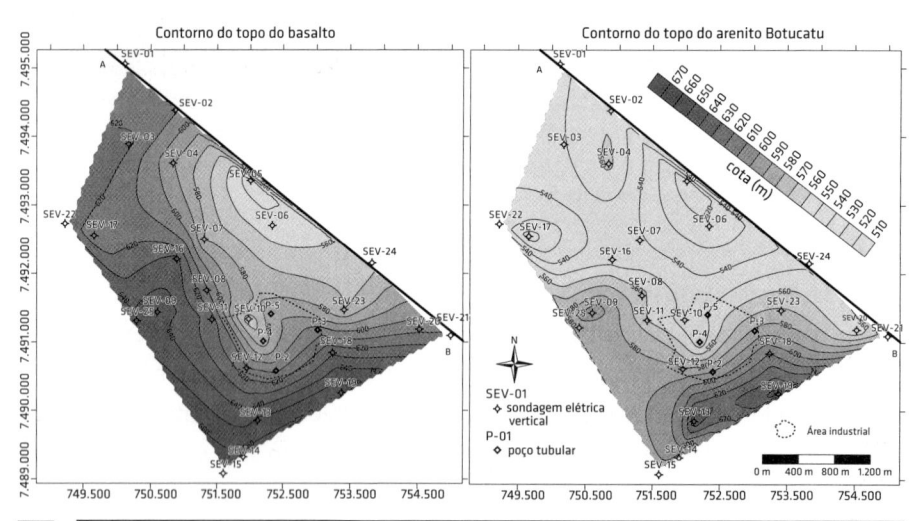

FIG. 4.19 Mapas da cota do basalto e arenito Botucatu

Os valores de TDZ para os sedimentos arenosos tendem a ser mais elevados que para os sedimentos argilosos, entretanto, podem-se observar também valores para os sedimentos argilosos maiores que para os sedimentos arenosos, o que ocorre em virtude de um aumento da espessura dessa camada. Portanto, os valores de T_{DZ} devem ser associados à litologia e à resistividade como parâmetro para definição do potencial do aquífero.

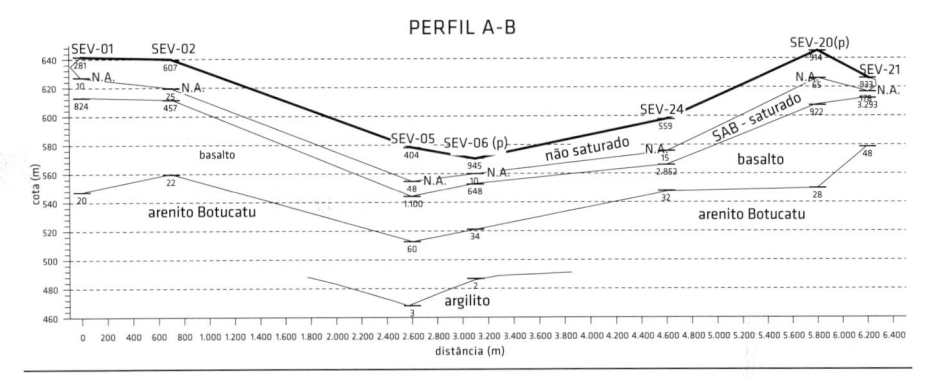

FIG. 4.20 Seção geoelétrica AB

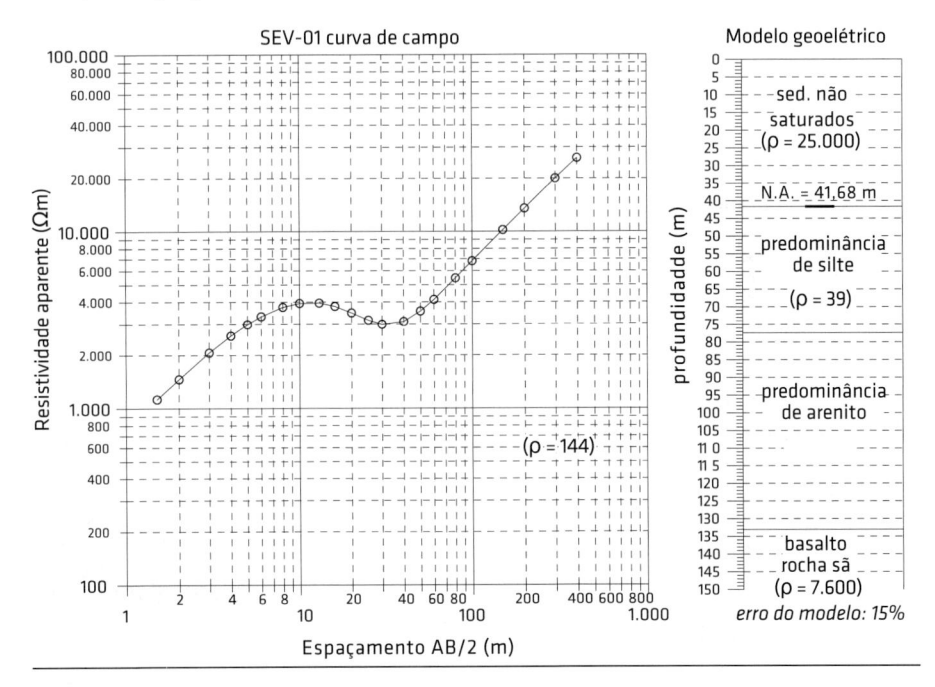

FIG. 4.21 Curva de campo e modelo geoelétrico

Caso 6

Nesse caso, a geologia local é formada pelo grupo Itararé, com rochas intrusivas básicas – diabásios (município de Americana, SP). Na identificação de áreas mais promissoras visando à locação de poços tubulares para a captação de águas subterrâneas, os locais com as faixas de valores de resistência transversal Dar Zarrouk maiores que

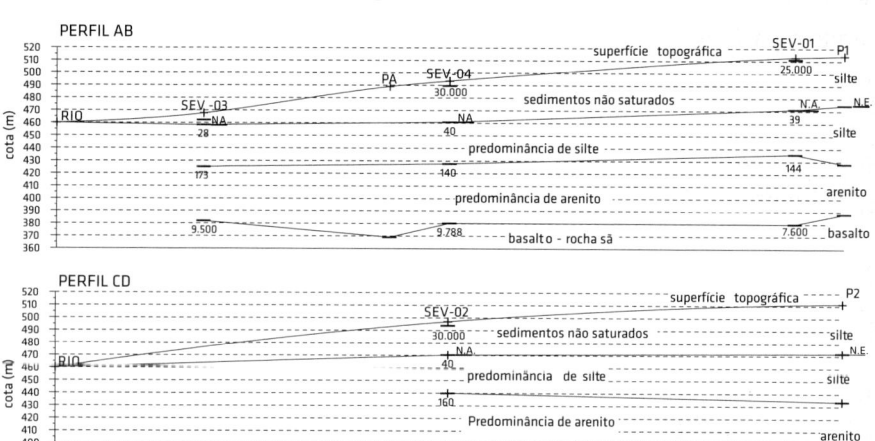

6.000 Ωm² são as mais indicadas. A Fig. 4.23 apresenta o mapa de fluxo da água subterrânea do aquífero livre.

FIG. 4.22 Seções geoelétricas

TAB. 4.2 RESISTÊNCIA TRANSVERSAL E CLASSES DE AQUÍFEROS POTENCIAIS – ESTRATO ARENITO

	ρ (Ωm)	E (m)	TDZ (Ωm²)	Classes – aquíferos potenciais
SEV-01	144,0	80,0	11.520	Muito bom
SEV-02	160,0*	77,0*	12.320	
SEV-03	173,0*	74,0*	12.802	
SEV-04	140,0	73,0	10.220	

ρ: resistividade; T_{DZ}: resistência transversal; *níveis mais promissores.

Entretanto, em função dos valores de resistividades obtidos para a área, são esperadas vazões inferiores a 5,0 m³/h. Os locais ideais para perfuração são nas SEVs 09 e 07 (indicadas no mapa de T). A Fig. 4.24 apresenta duas seções geoelétricas resultantes.

4.2.2 AQUÍFEROS COSTEIROS

A Fig. 4.25 ilustra um estudo em zona litorânea, com duas SEVs executadas. Para os sedimentos arenosos saturados com água doce, a resistividade é bem mais elevada (85 e 90 Ωm) em relação aos mesmos sedimentos saturados com água salgada (4 Ωm). Nesse caso, a resistividade apresenta excelentes resultados, desenvolvida tanto com a técnica da SEV como com a do CE.

4 MÉTODOS GEOELÉTRICOS NA CAPTAÇÃO DE ÁGUAS SUBTERRÂNEAS 107

Como intrusões salinas alteram significativamente os valores de resistividade naturais dos materiais geológicos, a classificação proposta utilizando o parâmetro de Dar Zarrouk (T) não deve ser aplicada nesses casos.

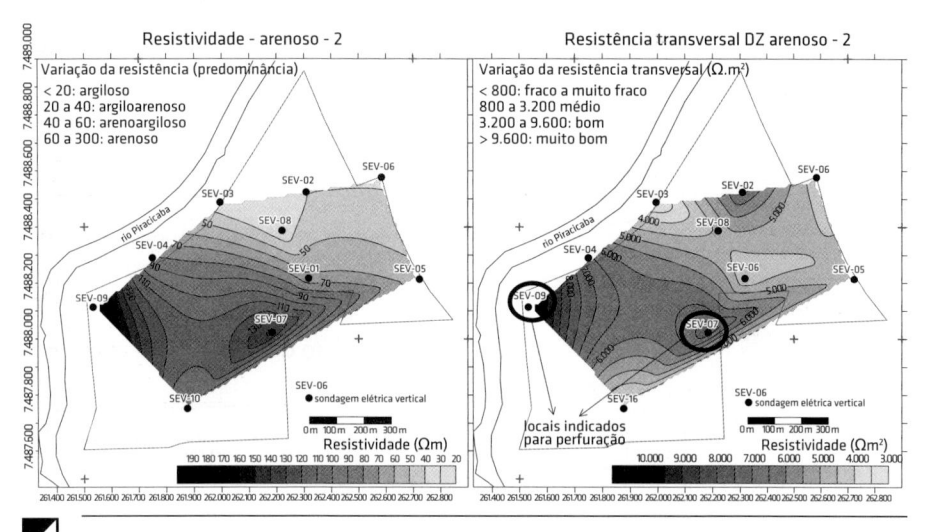

◢ FIG. 4.23 *Mapas de resistividade e resistência transversal do aquífero confinado*

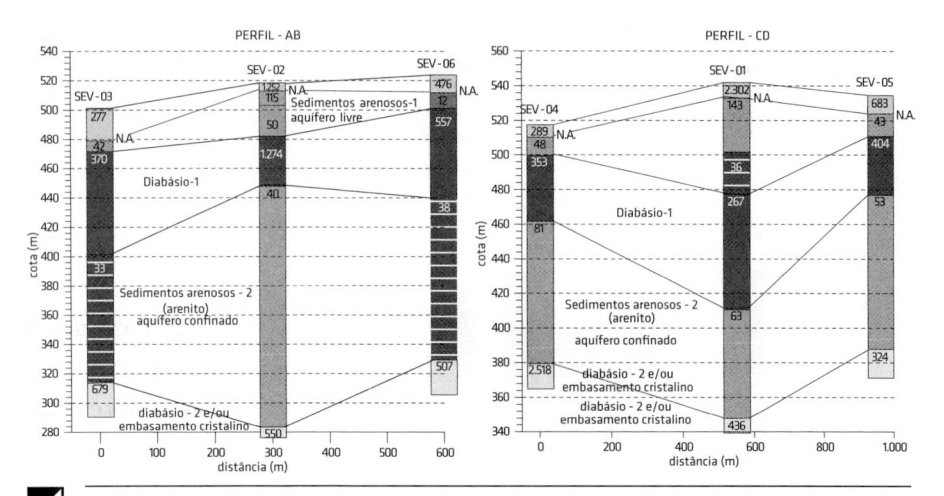

◢ FIG. 4.24 *Seções geoelétricas – SEV*

4.2.3 CAVIDADES EM SEDIMENTOS

A Fig. 4.26 apresenta o modelo geoelétrico resultante da inversão dos dados de campo da técnica do CE-DD em estudos de identificação de cavidades em sedimentos, visando à captação de águas subterrâneas rasas. Nos dois casos, as cavidades estão saturadas, ou seja, caracterizadas por resistividades baixas.

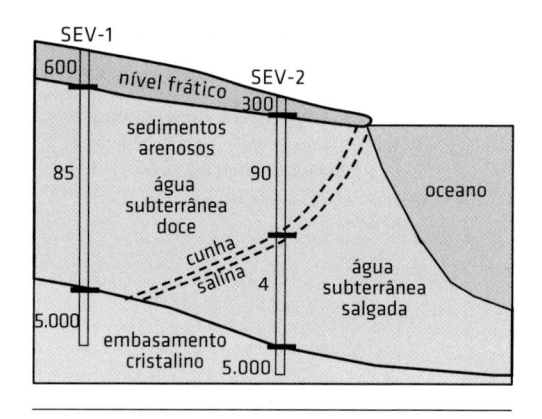

FIG. 4.25 Aquíferos sedimentares costeiros

4.2.4 AQUÍFEROS CÁRSTICOS

Em área de abatimento e colapso de rochas calcárias, a Fig. 4.27 ilustra um mapa de resistividade aparente do primeiro nível, CE-DD, visando identificar aquíferos cársticos. É possível identificar as zonas condutoras (cavidades em solos e rochas), locais indicados para locação de poços para captação.

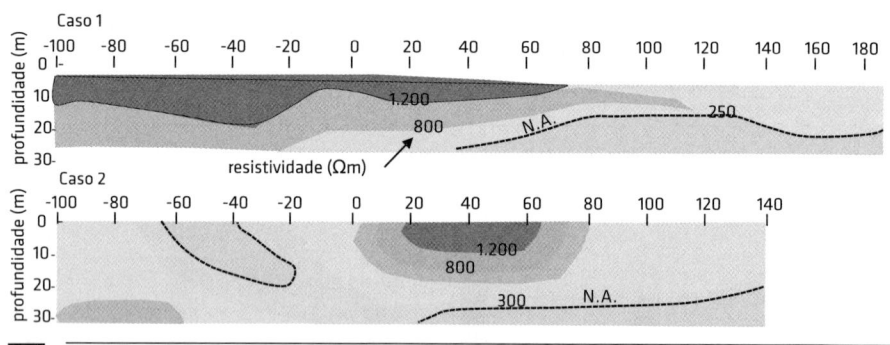

FIG. 4.26 Cavidades em sedimentos

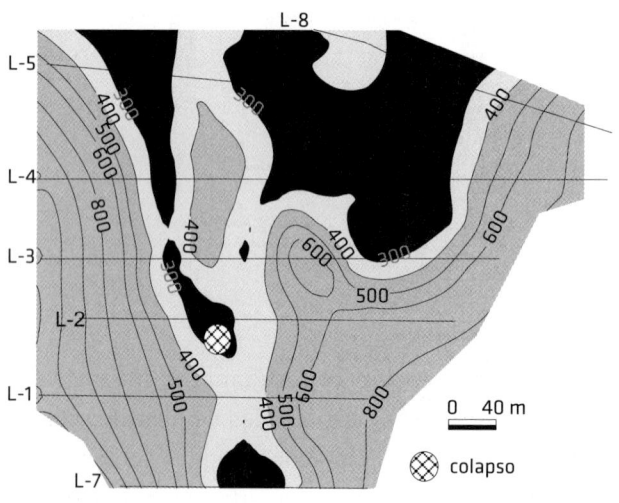

FIG. 4.27 Mapa de resistividade aparente – primeiro nível

4 Métodos geoelétricos na captação de águas subterrâneas

A Fig. 4.28 apresenta o resultado de inversão da linha 3 – resistividade aparente – utilizando o *software* Res2dinv, com a seção geoelétrica real, sendo as resistividades e profundidades obtidas pela inversão das resistividades aparentes. Observa-se uma anomalia condutiva vertical, centralizada entre as estacas 240 e 320, com pequeno prolongamento à direita.

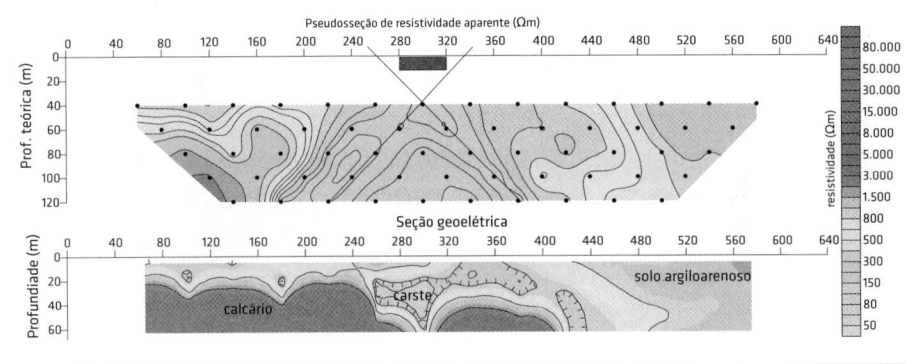

FIG. 4.28 *Inversão da linha 3 do CE-DD*
Fonte: Geotomo Res2dinv.

Na Fig. 4.29 é apresentado o mapa topográfico e o mapa de potencial espontâneo obtido por meio de caminhamento elétrico em área de rocha calcária. Observa-se no mapa topográfico um baixo localizado no centro da área refletindo zona de abatimento. No mapa do potencial espontâneo, observa-se uma concentração de valores negativos no centro da área – associada a um divisor de águas subterrâneas e valores positivos nas extremidades – relacionado a um fluxo d'água. Na parte inferior, lado direito, tem-se uma zona de provável carste saturado.

4.2.5 Aquíferos fraturados

Cabe ressaltar que levantamentos geofísicos aplicados em aquíferos fraturados podem inviabilizar uma perfuração para captação de água subterrânea, dependendo dos resultados obtidos. A Fig. 4.30 ilustra um caso de aplicação do CE-arranjo gradiente na identificação de zonas favoráveis à locação de poço tubular.

Nesse caso, as resistividades determinaram uma faixa anômala de altos valores de resistividades, indicando uma zona de falhamento resistivo, não adequada à locação de poços visando à captação de água subterrânea. Posteriormente, mesmo com os resultados da geofísica, foi perfurado um poço no centro da anomalia, e que, como previsto, estava totalmente seco, indicando uma falha preenchida com provável arenito cataclástico.

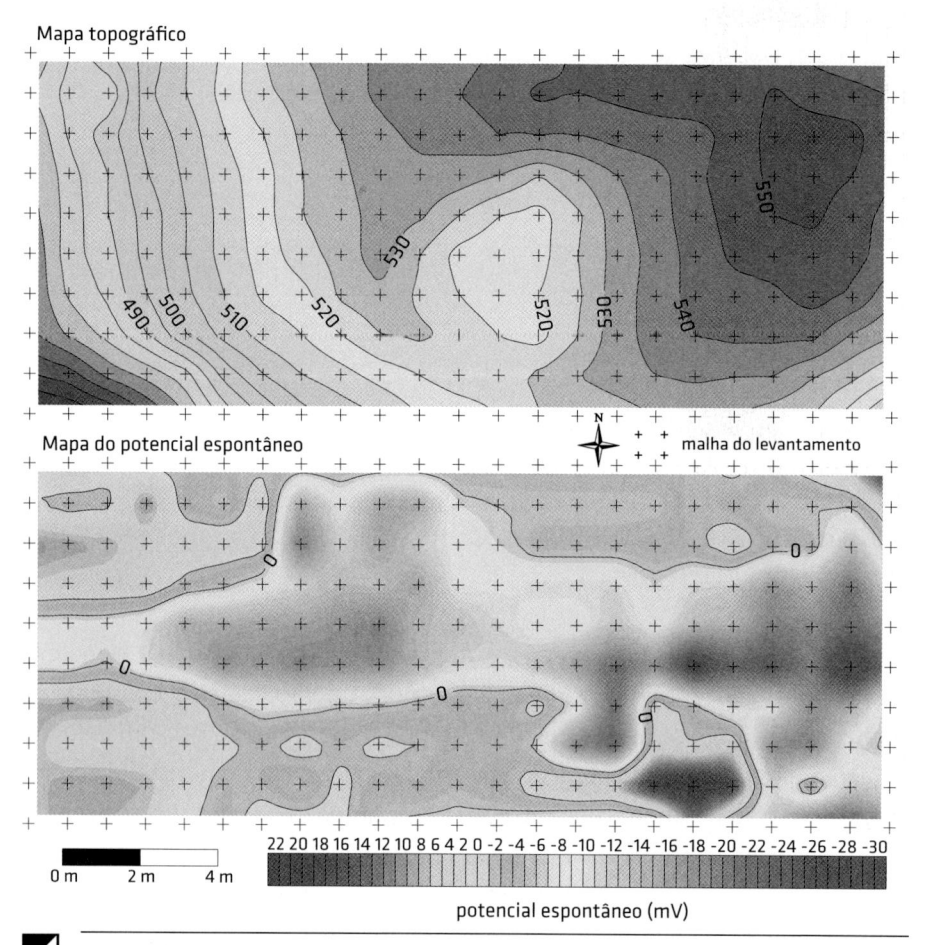

FIG. 4.29 *Mapa de potencial espontâneo*

Na Fig. 4.31 têm-se duas seções geoelétricas processadas, resultantes de CE-DD, com as áreas de baixa resistividade – fratura na rocha – perfeitamente identificadas. É importante ressaltar a posição rasa dessa faixa, que reflete o fraturamento superficial na rocha cristalina.

A Fig. 4.32 apresenta uma pseudosseção de resistividade aparente – CE-DD – desenvolvida em área de rocha cristalina – gnaisses – cujo aquífero fraturado foi identificado (município de Louveira, SP). A locação de poço tubular para captação, efetuada entre as estacas 200-240, resultou em uma profundidade de perfuração de 120 m, cuja vazão obtida foi de 10 m³/hora.

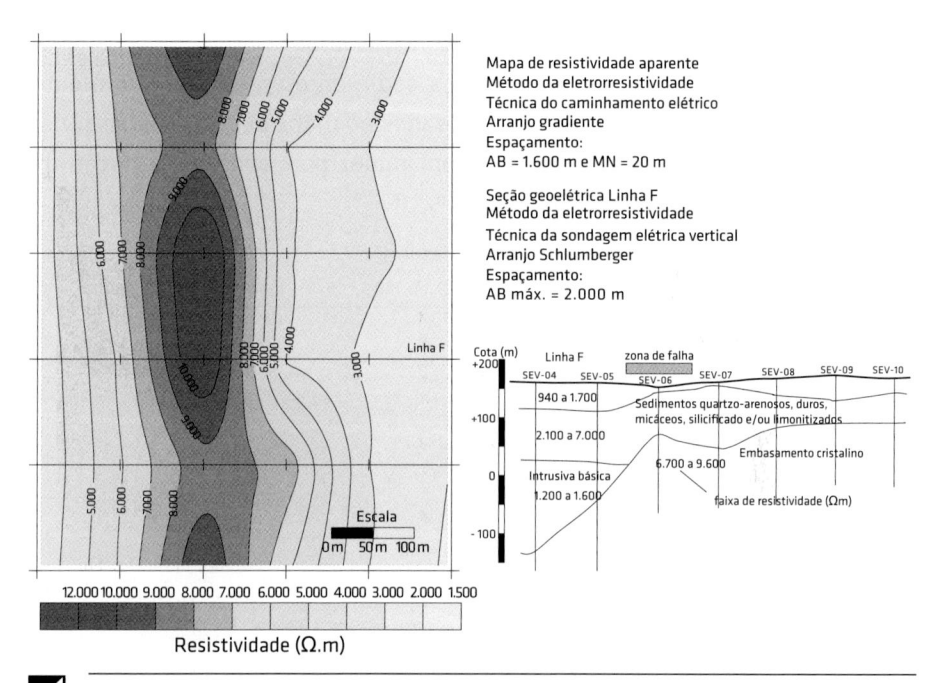

FIG. 4.30 *Aquífero fraturado – CE/Gradiente*

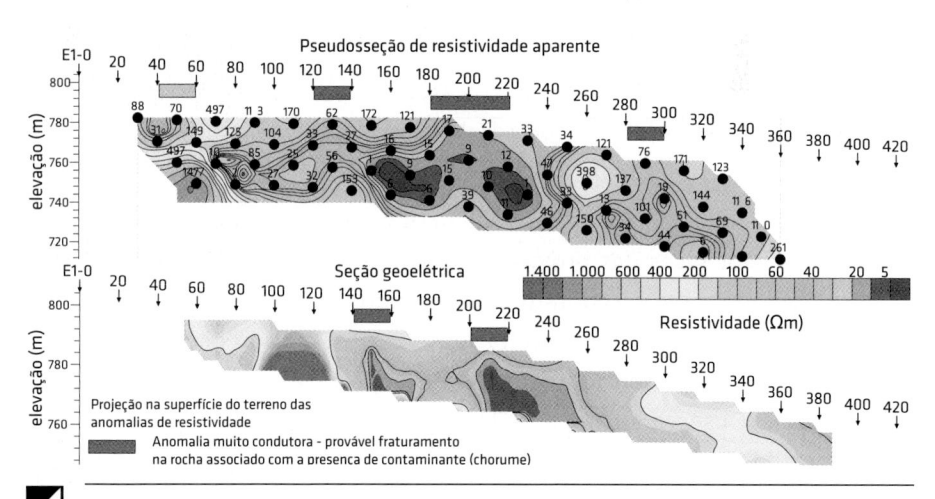

FIG. 4.31 *Inversão de CE-DD – Área de aterro sanitário*
Fonte: Geotomo Res2dinv.

4.2.6 POTENCIALIDADE DE AQUÍFEROS POR RESISTÊNCIA TRANSVERSAL DAR ZARROUK

A Fig. 4.33 apresenta os mapas de resistência transversal e resistividade de um horizonte arenoso correspondente ao aquífero livre de quatro áreas estudadas. Nesses mapas, as faixas com valores de resistividade > 40 Ωm correspondem a sedimentos predominantemente arenosos, sendo esses locais analisados no mapa de resistência transversal, o qual indica os locais com maior potencial de captação de água subterrânea.

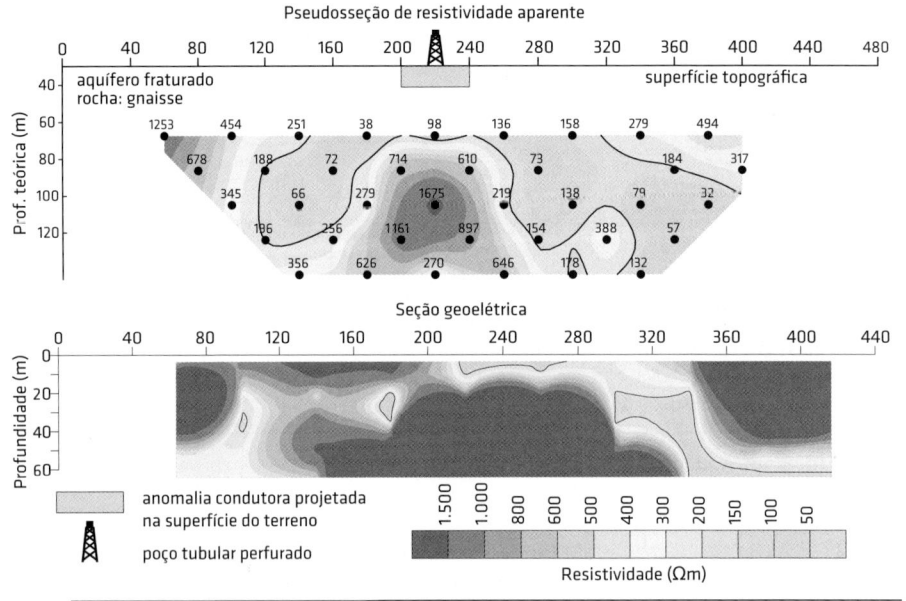

FIG. 4.32 *Inversão de CE-DD – Área de rochas cristalinas*
Fonte: Geotomo Res2dinv.

A área da Fig. 4.33A está situada em zona próxima ao contato entre as unidades geológicas das províncias Costeira e Paraná, sobre sedimentos quaternários, próximo ao contato com o grupo Rosário do Sul. A Fig. 4.33B corresponde à geologia do grupo Itararé e Serra Geral da bacia do Paraná; localmente com sedimentos argilosos na superfície e rochas básicas em subsuperfície. Observa-se na Fig. 4.33A que a faixa correspondendo à classe de potencialidade média está associada a valores de resistividade > 120 Ωm. Portanto, esse pacote arenoso deve apresentar pequenas espessuras. Na Fig. 4.33B, as classes indicam potencial médio a bom com faixas de resistividade > 40 Ωm.

Na Fig. 4.33C a estratigrafia local é constituída por basaltos da formação Serra Geral (aflorando) e, na sequência, arenitos das formações Botucatu e Piramboia. O mapa de resistência transversal indica pequena área com potencial médio e resistividades > 40 Ωm, característica de aquífero pouco

4 Métodos geoelétricos na captação de águas subterrâneas   113

promissor. Na Fig. 4.33D a geologia local é formada por rochas sedimentares argilitos e arenitos do grupo Itararé – aquíferos granulares –, rochas básicas (diabásio) e rochas cristalinas – aquíferos fraturados. Nessa figura têm-se o mapa de resistividade e o mapa de resistência transversal do aquífero livre, os quais delimitam uma área (valores mais elevados) que seria mais adequada para a locação de poço para captação de água subterrânea.

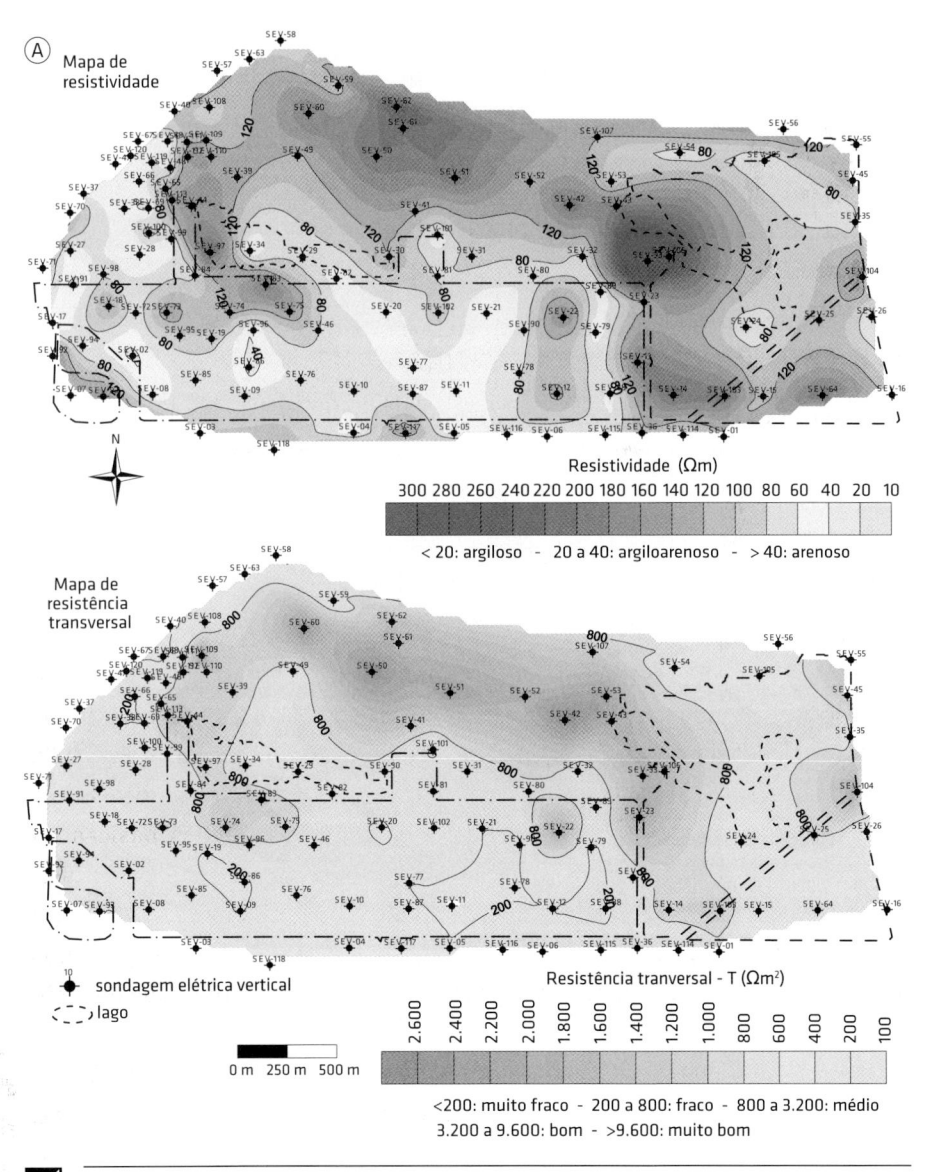

FIG. 4.33 *Identificação de áreas com aquíferos promissores: (A) caso 1*

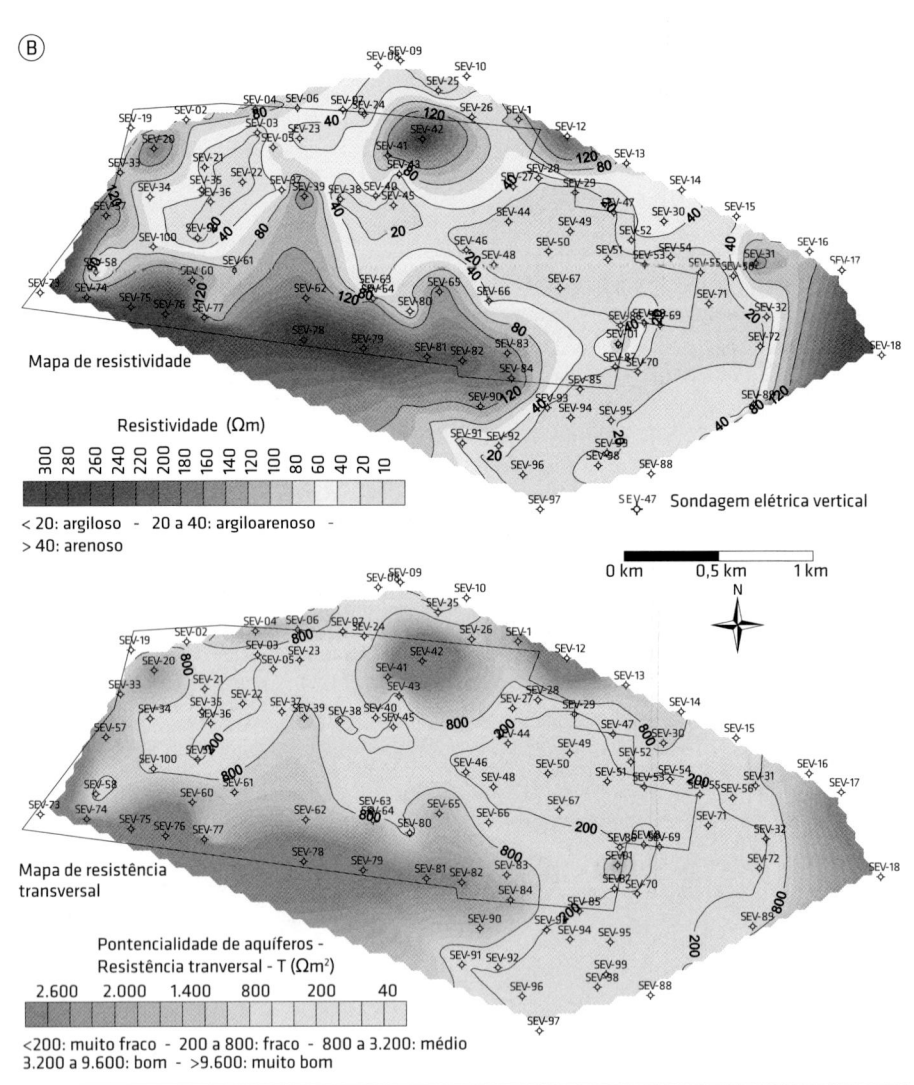

FIG. 4.33 *Identificação de áreas com aquíferos promissores: (B) caso 2*

4 Métodos geoelétricos na captação de águas subterrâneas   115

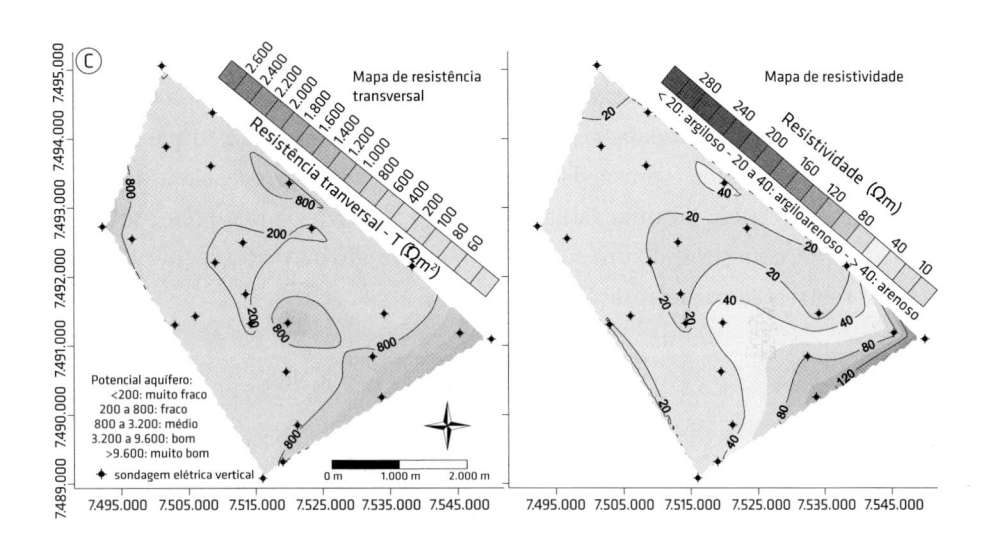

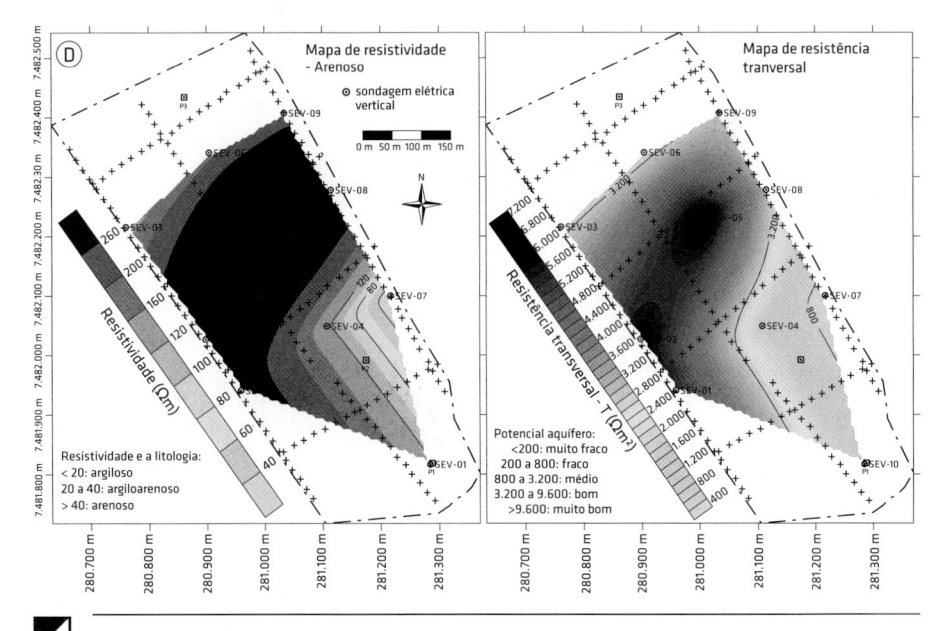

FIG. 4.33 *Identificação de áreas com aquíferos promissores: (C) caso 3 e (D) caso 4*

4.2.7 Aquíferos granulares em Geologia Complexa

A Fig. 4.34 apresenta um caso de estudo de aquíferos rasos em área sedimentar. No local ocorrem sedimentos do grupo Itararé, os quais se caracterizam por uma hidrogeologia complexa, com alternância de sedimentos arenosos e argilosos. Nesse caso optou-se pela utilização do CE-DD, com espaçamento de 40 m e cinco níveis de investigação. Os resultados, com a pseudosseção e a seção processada, indicam a ocorrência de uma faixa arenosa ($\rho > 60$ Ωm) a pequena profundidade, constituindo um aquífero, dependendo da vazão requerida, com restrições para captação.

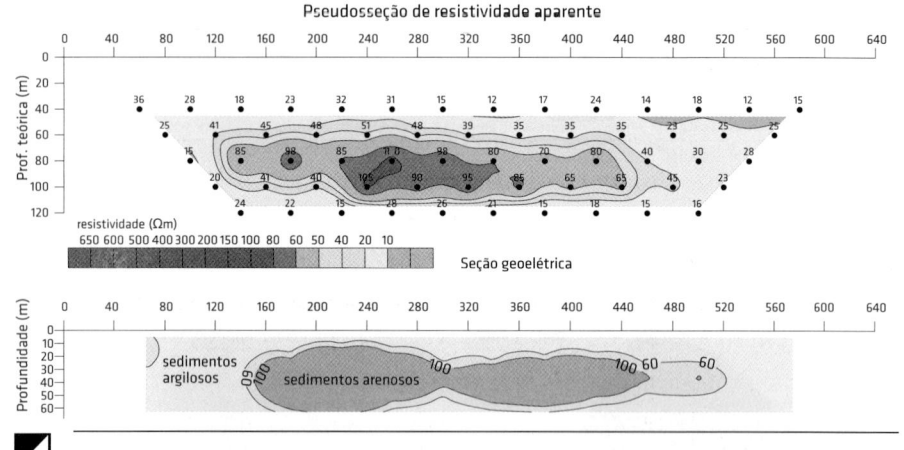

FIG. 4.34 *Pseudosseção e seção geoelétrica em área sedimentar do grupo Itararé – bacia sedimentar do Paraná*

5 MÉTODOS GEOELÉTRICOS NA CONTAMINAÇÃO DAS ÁGUAS SUBTERRÂNEAS

Estudos que utilizam métodos geoelétricos para analisar a contaminação de solos e águas subterrâneas apresentam bons resultados tanto nas fases de avaliação preliminar quanto nas de monitoramento e remediação. Seus produtos minimizam os custos de um projeto e indicam os locais mais adequados para, por exemplo, instalação de poços de monitoramento, além de proporcionar uma avaliação ampla e determinística do contexto geológico e hidrogeológico.

A técnica da SEV pode ser utilizada na identificação de plumas de contaminação, embora apresente resultados pontuais e que exigem uma quantidade de ensaios que torna a técnica improdutiva e dispendiosa em comparação à técnica de CE. O emprego das SEVs é recomendado em situações nas quais as áreas de estudos são de grandes dimensões, por exemplo, > 3 km^2, caso em que o CE-DD não é aconselhável, podendo ser utilizado, entretanto, no detalhamento das anomalias identificadas nas SEVs. Na Fig. 5.1 tem-se a metodologia recomendada, com os principais produtos esperados. Pode-se acrescentar o método do potencial espontâneo na identificação de plumas de contaminação; esse método apresenta bons resultados e levantamentos com prazos reduzidos em relação a outras metodologias.

5.1 Aplicações em Investigações Hidrogeológicas

Nos estudos visando obter um diagnóstico de solos, rochas e águas subterrâneas, de contaminações em sedimentos inconsolidados e rochas sedimentares, podem ser empregadas tanto as técnicas de SEV quanto as de CE, por meio dos métodos da eletrorresistividade, polarização induzida e potencial espontâneo. A técnica do CE assume papel importante nesses estudos, delimitando com detalhe, lateralmente e em profundidade, eventuais plumas de contaminação, com maior resolução e prazos reduzidos em relação às SEVs e demais métodos/

técnicas geofísicas. Como já ressaltado anteriormente, nos estudos envolvendo prováveis contaminações, a fase do empreendimento, pré (avaliação preliminar) ou pós-instalação (remediação e monitoramento), juntamente com a geologia local, é importante na definição da metodologia geoelétrica e nos produtos a serem obtidos.

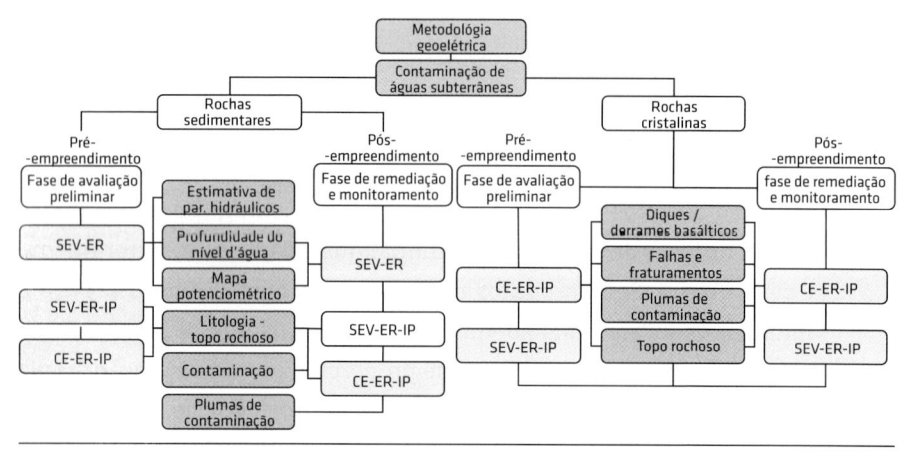

Fig. 5.1 *Metodologia e produtos em estudos da contaminação das águas subterrâneas feitos com base em métodos geoelétricos*

5.1.1 Mapa potenciométrico

Na elaboração do mapa potenciométrico, o método da eletrorresistividade por meio da técnica da SEV demonstra precisão e versatilidade, pois possibilita uma cobertura de áreas com dimensões variadas a custos relativamente reduzidos. Esses mapas são considerados bases para qualquer estudo de contaminação do ambiente geológico.

Na determinação do nível d'água (potencial hidráulico) de poços de monitoramento para elaboração do mapa potenciométrico de aquíferos freáticos, deve-se prestar atenção na estratigrafia do poço perfurado (Fig. 5.2). Diversos dados relativos a perfis de poços disponibilizados em projetos ou em bases de dados de acesso público não detalham a existência de níveis aquíferos múltiplos, sejam livres, sejam confinados. O potencial hidráulico dos aquíferos livres é dado por: $h_{livre} = z$, enquanto o potencial hidráulico dos aquíferos confinados é dado por: $h_{conf} = z + p/\gamma_a$, em que z = carga de elevação e p/γ_a = carga de pressão (p = pressão no fluido e γ_a = peso específico da água). A interpretação equivocada de nível aquífero único, nesses casos, gera interpretações incorretas e pode induzir o planejamento de projetos inviáveis ou ineficientes.

Em casos de indisponibilidade de detalhes acerca de aquíferos múltiplos, as SEVs são fundamentais, pois permitem a individualização de aquíferos, espessuras e profundidades. Na determinação do N.A. para elaboração de mapas potenciométricos, cabe ressaltar ainda que, na zona não saturada, os valores de resistividade tendem a ser altos (normalmente, superiores a 500 Ωm), diminuindo significativamente quando atingem as zonas saturadas, sendo possível, portanto, identificar com precisão o nível d'água subterrâneo.

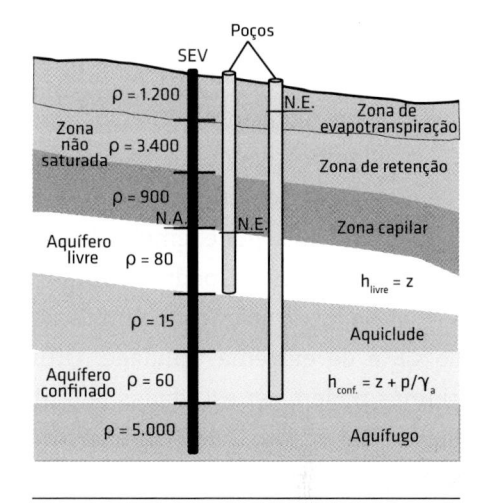

FIG. 5.2 Nível d'água – Poço e SEV

A Fig. 5.3 apresenta o mapa topográfico e potenciométrico tridimensional de uma área de grandes dimensões (> 4 km²), na qual a cobertura por poços demandaria custos elevados e campanha de perfuração prolongada, em comparação ao uso de SEVs. Com base nos resultados da campanha de 120 SEVs, com prazo de execução de duas semanas, poços de monitoramento foram locados com maior precisão em alvos pré-determinados, diminuindo a quantidade inicialmente programada.

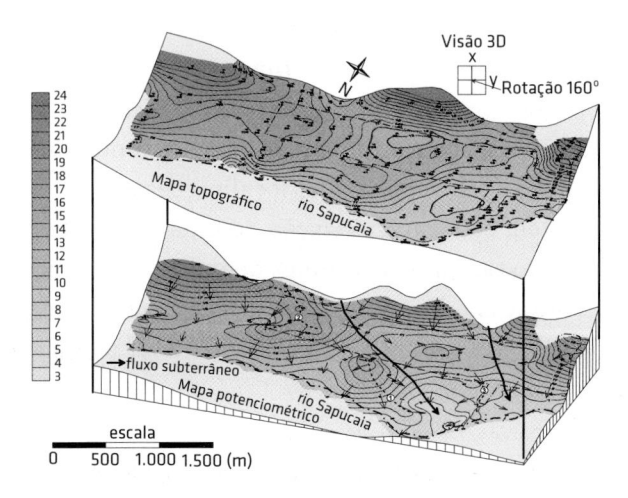

FIG. 5.3 Mapas topográfico e potenciométrico em 3D – SEV

5.1.2 Identificação e delimitação de plumas de contaminação

A introdução de diversos tipos de contaminantes no subsolo altera significativamente os valores naturais dos principais parâmetros geoelétricos. Experiências de campo comprovam que valores de resistividades, por exemplo, de sedimentos arenosos, quando na presença de chorumes, podem diminuir até dez vezes o valor natural.

Na identificação e delimitação de plumas de contaminação, a técnica do CE é de extrema utilidade. Utilizando essa técnica, as evoluções das plumas podem ser estudadas lateralmente e em profundidade por meio de mapas. Entretanto, a determinação do N.A. e a elaboração de mapas potenciométricos no domínio de áreas comprovadamente contaminadas é algo difícil devido à semelhança de valores de resistividade entre ambiente contaminado e zona saturada, o que implica também dificuldades para caracterização litológica (Fig. 5.4). Essa alteração, em função da presença de contaminantes, nos valores dos parâmetros geoelétricos dos materiais geológicos também pode trazer certas dificuldades na identificação litológica.

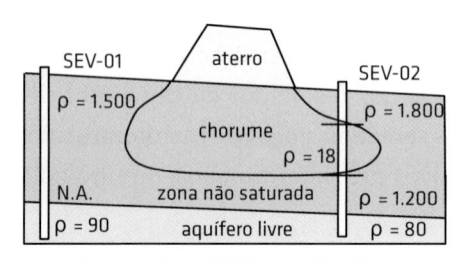

Fig. 5.4 N.A. e contaminantes

O uso de SEVs para locação de poços e a interpretação conjunta de dados geofísicos e informações diretas são procedimentos fundamentais na avaliação de contaminações no ambiente geológico. A Fig. 5.5 apresenta uma situação típica, na qual o nível geoelétrico condutor identificado na SEV-02 (15 Ωm) foi caracterizado como sedimentos arenosos contaminados em razão tanto dos dados dos poços como de suas localizações na área de estudo.

Na Fig. 5.6 tem-se a caracterização de uma pluma de contaminação proveniente de aterro sanitário (chorume), definida pela técnica do CE-DD. O condutor, associado ao chorume, é bem destacado evidenciando os caminhos preferenciais do fluxo subterrâneo, o que poderia levar a locações inadequadas de poços de monitoramento.

5.1.3 Vulnerabilidade natural de aquíferos

Aliada aos estudos dedicados ao planejamento e prevenção de acidentes, a aplicação dos parâmetros de Dar Zarrouk pode contribuir de maneira significativa na caracterização hidrogeológica. O parâmetro condutância longitudinal – S_{DZ} – é de extrema importância nesses casos, pois permite uma avaliação de vulnerabilidade de aquífero a fontes superficiais de contaminação. Por meio desse parâmetro, pode-se ter uma avaliação de quanto esse aquífero estaria vulnerável ou não a determinado tipo de contaminante. Seus resultados podem orientar futuras instalações de áreas de postos de abastecimento, áreas industriais, cemitérios etc.

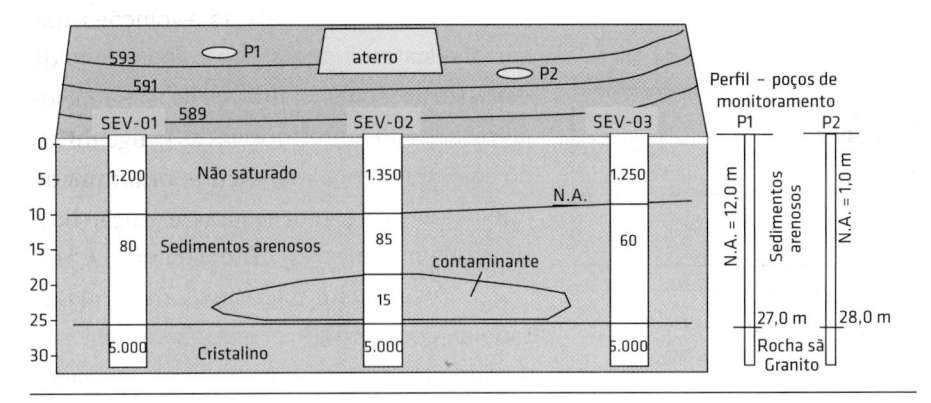

FIG. 5.5 Identificação de contaminantes – SEV

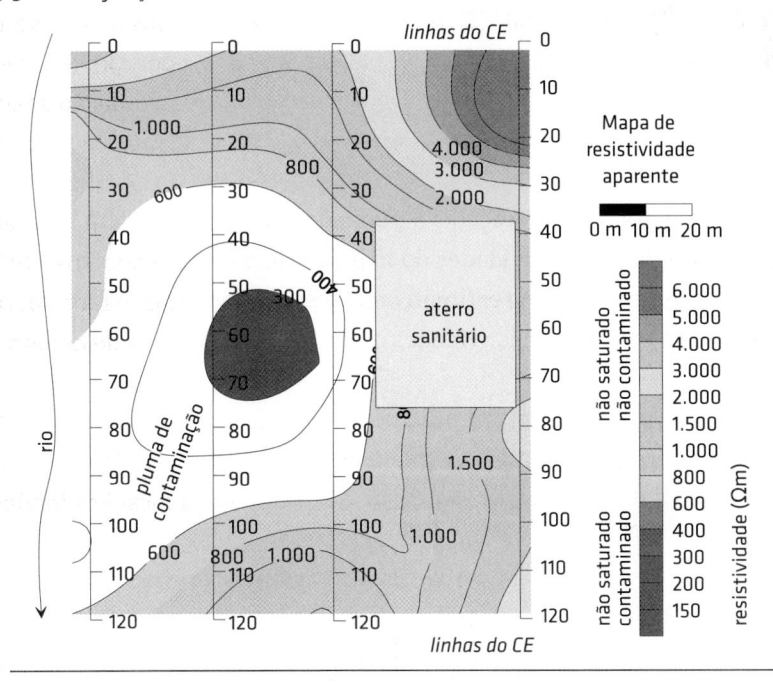

FIG. 5.6 Mapa de resistividade aparente e pluma de contaminação

> Conferir o infográfico "Plumas de contaminação".

A Fig. 5.7 apresenta a correlação S_{DZ} com o grau de proteção de um aquífero. Com base no cálculo da condutância longitudinal total para a zona não saturada, tem-se que quanto maior o valor de S1, maior será o grau de proteção do aquífero, pois: (i) quanto maior a espessura da camada 1, maior o tempo de percolação do poluente – maior filtro; e (ii) quanto menor sua resistividade, mais argiloso – mais impermeável.

Nesse caso, entretanto, para utilizar a resistividade da zona não saturada, deve-se proceder a um *ajuste*, pois como já ressaltado anteriormente, essa porção do solo apresenta valores de resistividades atípicos e com grandes variações, não refletindo, de modo geral, a litologia local.

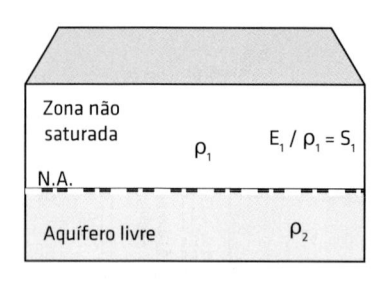

Fig. 5.7 Proteção natural de aquíferos livres

Esse ajuste da resistividade, adaptado de Orellana (1972) e utilizando a lei de Archie, determina inicialmente a resistividade da rocha (ρ_r), considerando o grau de saturação (S_W) e a porosidade (P) da rocha, bem como a resistividade da água de percolação (ρ_a) (Eq. 5.1).

$$\rho_r = (a\, b\, S_w^{-n}\, P^{-m})\, \rho_a \qquad (5.1)$$

Como o grau de saturação e a porosidade da rocha podem ser estimados considerando as resistividades do não saturado e saturado (Eqs. 5.2 e 5.3), a equação anterior resulta na estimativa da resistividade ajustada do não saturado – ρ_{aj} – com base nas resistividades obtidas no modelo geoelétrico (Eq. 5.4).

$$S_w = \left(\frac{\rho_{sat}}{\rho_{insat}}\right)^{-n} \qquad (5.2)$$

$$P = \left(\frac{\rho_{insat}}{\rho_{sat}}\right)^{-m} \qquad (5.3)$$

$$\rho_{aj} = \left[a\, b\, \left(\frac{\rho_{sat}}{\rho_{insat}}\right)^{-n} \left(\frac{\rho_{insat}}{\rho_{sat}}\right)^{-m}\right] \rho_{sat} \qquad (5.4)$$

Com base na citação de Orellana (1972), adotaram-se para os parâmetros da equação os seguintes valores: a = 0,9 (Orellana); b = 0,6 (Dakhnov); n = 2,25 (Dakhnov); m = 2,0 (Keller). O resultado foi a Eq. 5.5, a qual permite estimar uma resistividade ajustada que poderá ser atribuída para o insaturado e utilizada na estimativa da vulnerabilidade de aquíferos livres.

$$\rho_{aj} = \left[0,54 \left(\frac{\rho_{sat}}{\rho_{insat}} \right)^{-2,25} \left(\frac{\rho_{insat}}{\rho_{sat}} \right)^{-2} \right] \rho_{sat} \qquad (5.5)$$

Vários métodos são utilizados para estimar a vulnerabilidade natural de aquíferos. Cada um deles considera os objetivos a serem atingidos e utiliza parâmetros variáveis, com diversos graus de detalhe. O parâmetro geofísico da condutância longitudinal pode ser utilizado com grande sucesso nesse tipo de estudo.

Considerando-se os valores de resistividade ajustada e espessura da zona insaturada e suas relações, e fornecendo-se, consequentemente, o parâmetro condutância longitudinal, definiram-se seis classes de vulnerabilidade para aquíferos livres (Tab. 5.1).

TAB. 5.1 CLASSES DE VULNERABILIDADE NATURAL DE AQUÍFEROS EM FUNÇÃO DA CONDUTÂNCIA LONGITUDINAL

Classes de vulnerabilidade	Resistividade (Ωm)	Espessura (m)	Condutância longitudinal (S)
Muito baixa	< 10	> 30	> 3,0
Baixa	10 a 20	20 a 30	1,0 a 3,0
Moderada	20 a 40	12 a 20	0,3 a 1,0
Alta	40 a 80	8 a 12	0,1 a 0,3
Muito alta	80 a 120	3 a 8	0,03 a 0,1
Extrema	120 a 300	< 3	< 0,03

A Fig. 5.8 ilustra um ábaco com as relações entre espessuras e resistividades para determinação das classes de vulnerabilidade natural de aquíferos. Como no caso da resistência transversal, essa figura ilustra a relação entre as variações nos valores de S, sendo ideal a relação destacada em cada classe. Utilizando-se essa definição das classes de vulnerabilidade, podem-se traçar mapas que orientem tanto órgão público como privado, no planejamento de áreas para instalação de empreendimentos potencialmente contaminadores.

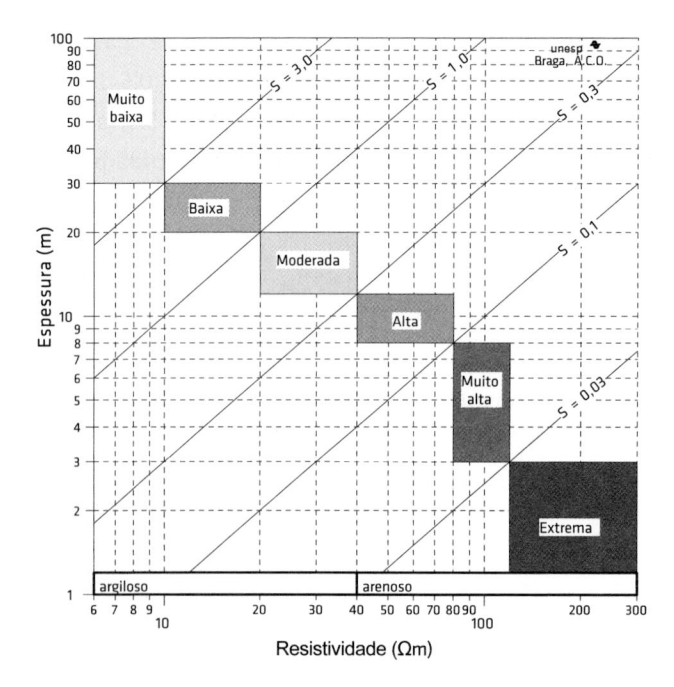

FIG. 5.8 Gráfico para estimar a vulnerabilidade natural de aquíferos

> Conferir a planilha "Parâmetros hidráulicos", que correlaciona a vulnerabilidade de aquíferos livres com parâmetros geoelétricos – condutância longitudinal Dar Zarrouk.

A Fig. 5.9 apresenta uma seção geoelétrica mostrando a vulnerabilidade natural de uma camada aquífera, estimada em função da condutância longitudinal da camada sobrejacente. Entretanto, uma questão importante na aplicação desses mapas é a escala de trabalho considerada, pois pequenas escalas de trabalho podem induzir estimativas não realistas. Nesse sentido, são recomendados estudos regionais (escala de municípios) por meio desse procedimento. Na existência de contaminantes nos solos e águas subterrâneas, não tem sentido a aplicação dos parâmetros de Dar Zarrouk na correlação com parâmetros hidráulicos, pois os valores naturais de resistividade foram modificados em função da presença dos contaminantes.

5.1.4 Identificação e delimitação de plumas de contaminação em aquíferos fraturados

Em estudos ambientais visando obter um diagnóstico de aquíferos fraturados, frente a contaminantes, a técnica mais adequada considerando resolução, custo e rapidez é o caminhamento elétrico, com os métodos da eletrorresistividade e polarização induzida. Nesse caso, o radar de penetração no solo (GPR) também pode ser utilizado com relativo sucesso, entretanto, caracteriza-se por atingir pequenas profundidades de investigação quando comparado ao CE.

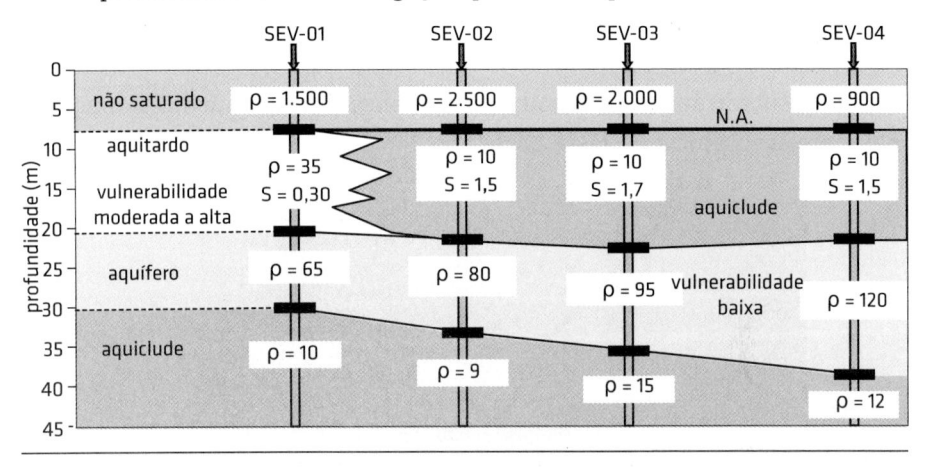

	SEV-01	SEV-02	SEV-03	SEV-04
não saturado	ρ = 1.500	ρ = 2.500	ρ = 2.000	ρ = 900
aquitardo vulnerabilidade moderada a alta	ρ = 35 S = 0,30	ρ = 10 S = 1,5	ρ = 10 S = 1,7 (N.A.) aquiclude	ρ = 10 S = 1,5
aquífero	ρ = 65	ρ = 80	ρ = 95 vulnerabilidade baixa	ρ = 120
aquiclude	ρ = 10	ρ = 9	ρ = 15	ρ = 12

Fig. 5.9 Seção geoelétrica e a vulnerabilidade natural do aquífero

A Fig. 5.1 indica a metodologia mais adequada, com os principais produtos a serem obtidos, considerando as fases do empreendimento. Entre os produtos referidos nessa figura, destacam-se a determinação de falhas e fraturamento e as plumas de contaminação. Nas fases pré e pós-empreendimento, envolvendo a determinação de falhas e fraturamentos, a metodologia geoelétrica e análise dos dados seguem o descrito no Cap. 4.

Os valores de resistividade das rochas cristalinas – granitos, gnaisses etc. – são altos (normalmente, superiores a 3.000 Ωm), sendo que, nesse caso, técnicas geoelétricas aplicadas visando identificar aquíferos fraturados determinarão anomalias condutoras em relação ao meio, associadas a fraturas/falhas nas rochas. Portanto, tanto na fase de avaliação preliminar quanto nas fases de remediação e monitoramento, determinam-se zonas de fraturamento, com suas direções e mergulhos, caminho provável dos contaminantes.

A Fig. 5.10 apresenta mapa de resistividade aparente do primeiro nível de um estudo visando determinar provável pluma de contaminação proveniente de resíduo industrial, disposto no tanque, resultante de indústria de curtume. Os resultados obtidos na interpretação das pseudosseções estão sintetizados na figura com o mapa do primeiro nível. O substrato é constituído por solo argiloso e rochas basálticas fraturadas. Pode-se observar nessa figura uma zona de baixos valores de resistividade, associada à zona de fratura na rocha, passando ao lado do tanque de resíduos.

Devido à ocorrência da zona condutora na linha 1, e situada a montante da área estudada (topograficamente mais elevada), não é possível afirmar sua relação direta com a fonte de contaminação. Nesse caso, pode-se simplesmente indicar zona de fratura condutora, sendo, portanto, necessária a locação de um poço de monitoramento (linha 3 – E-60) para coleta e análise das águas subterrâneas. Os resultados geofísicos permitiram direcionar com maior precisão a locação desse poço.

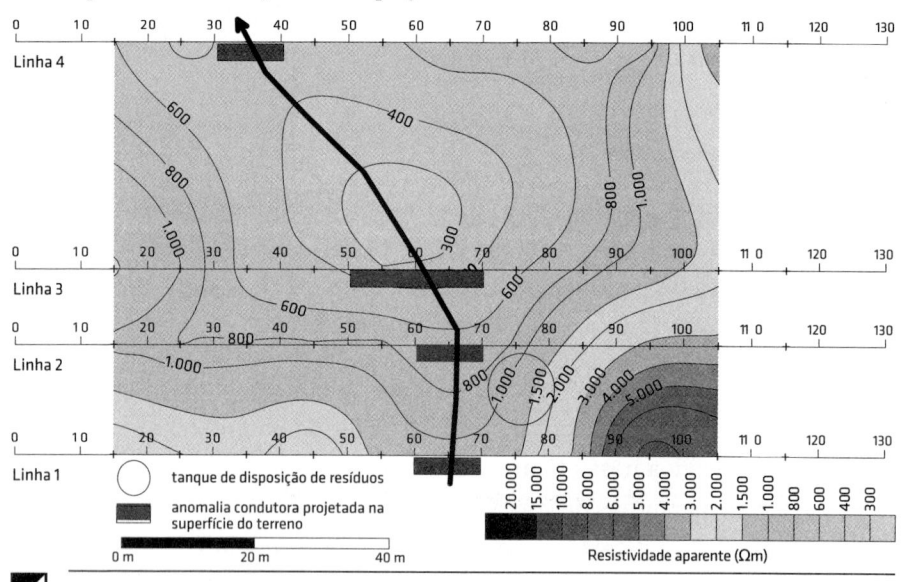

FIG. 5.10 *Mapa de resistividade aparente*

5.2 Casos históricos

5.2.1 Mapa potenciométrico

Em estudos ambientais envolvendo a contaminação de solos e águas subterrâneas, o entendimento da geologia aliado ao mapa de fluxo das águas subterrâneas constitui a base inicial dos trabalhos, direcionando os estudos posteriores com redução de custos e elevação da precisão dos resultados obtidos. As Figs. 5.11 a 5.14 apresentam mapas potenciométricos, referentes ao aquífero livre, de diferentes áreas de estudo. Podem-se observar nessas figuras as diferentes direções e sentidos do caminho preferencial das águas subterrâneas, bem como os divisores desses fluxos. Esses mapas oferecem informações básicas para planejamento adequado para locação de poços de monitoramento e coleta das águas para análises posteriores.

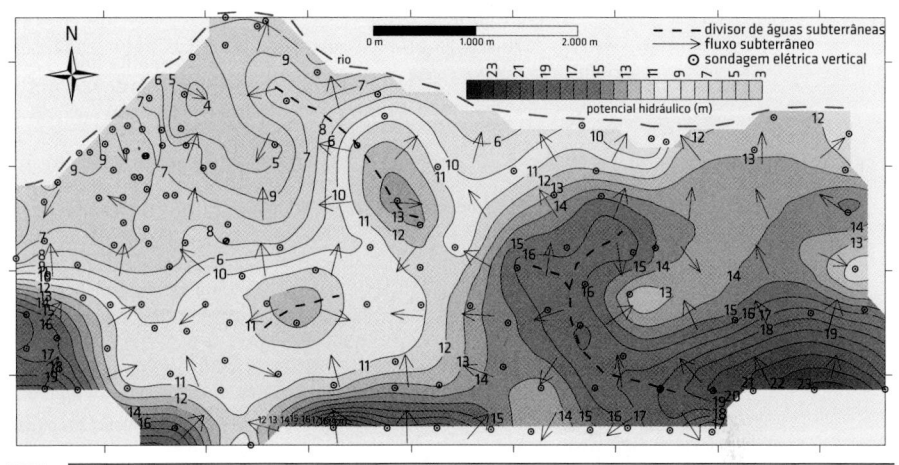

5 Métodos geoelétricos na contaminação das águas subterrâneas 127

FIG. 5.11 Mapa potenciométrico em área industrial

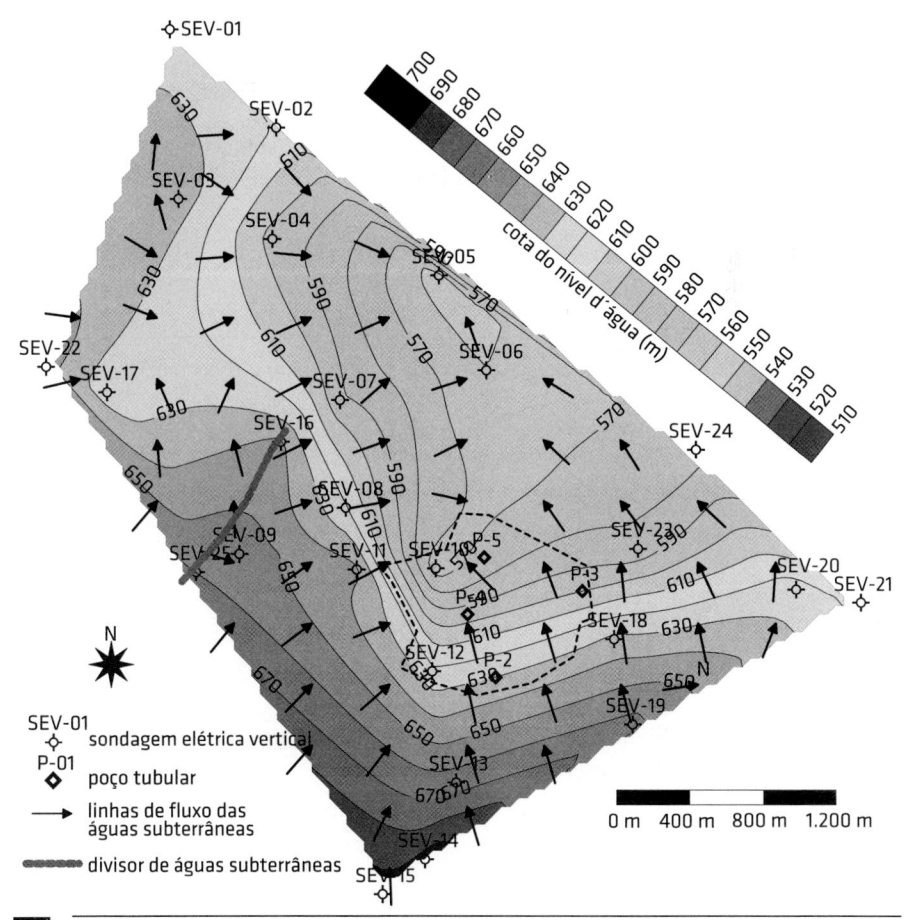

FIG. 5.12 Mapa potenciométrico e fluxo subterrâneo

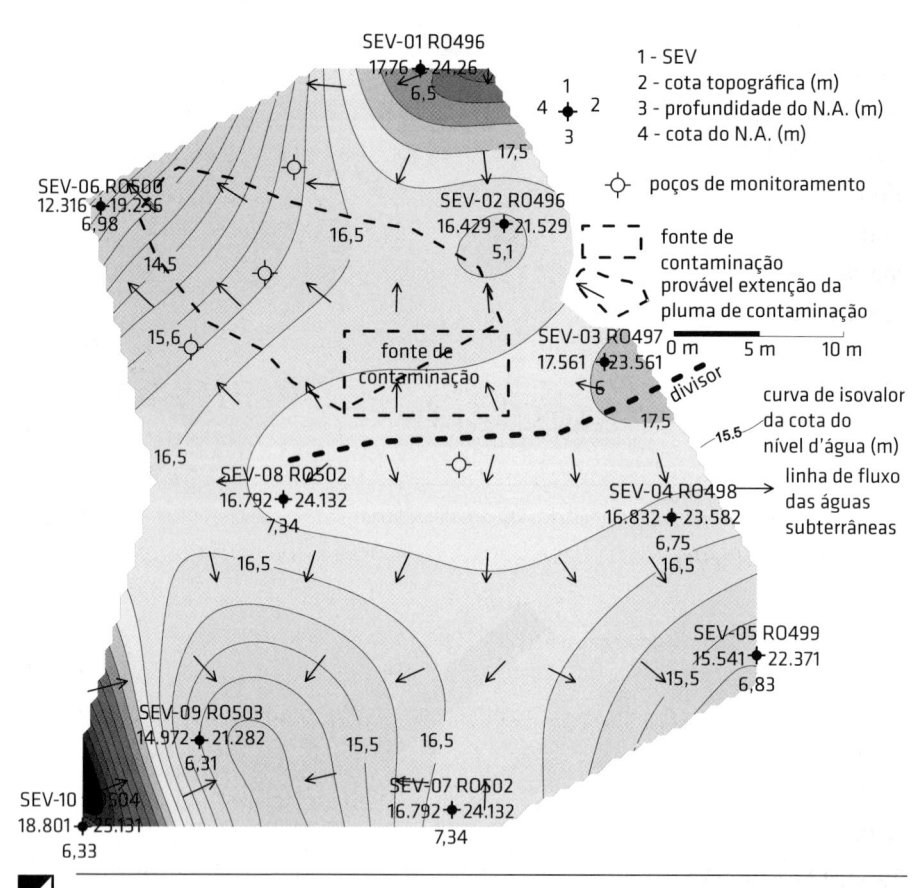

FIG. 5.13 *Mapa potenciométrico identificando provável pluma de contaminação*

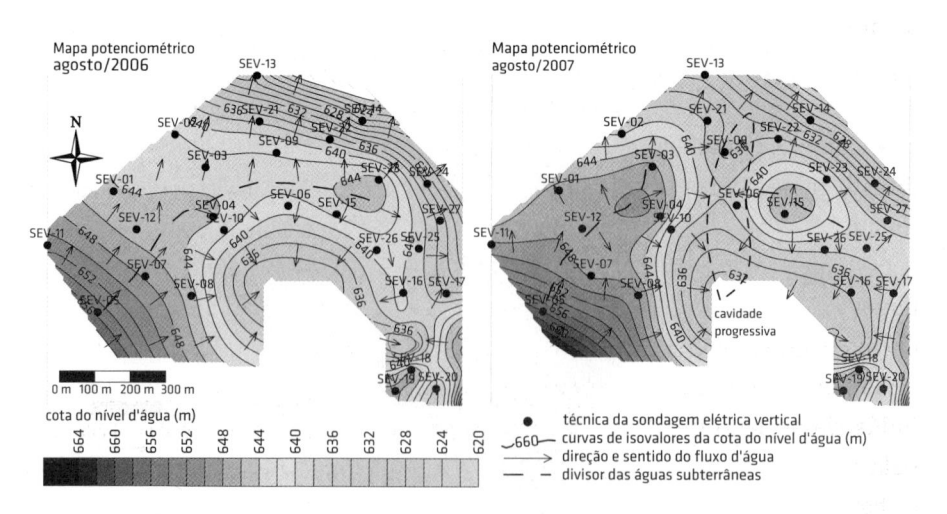

FIG. 5.14 *Mapa potenciométrico e o monitoramento do fluxo subterrâneo*

A Fig. 5.14 apresenta os mapas potenciométricos referentes ao aquífero livre, de área de afloramento de arenitos da formação Botucatu, executado em agosto de 2006 e agosto de 2007. Nessa área ocorre a formação de cavidades no solo devido à flutuação do nível d'água induzida. Os ensaios foram efetuados visando monitorar o fluxo subterrâneo, procurando identificar eventuais alterações com o tempo. Observa-se no local da SEV-06 a interrupção do divisor de águas subterrâneas, sugerindo a evolução de cavidade no solo com direção para as SEV-09, 21 e 13.

5.2.2 Contaminação do não saturado e aquífero livre

A Fig. 5.15 ilustra os resultados obtidos pela técnica do CE-DD em áreas de contaminação por resíduos industriais, representados pelos mapas de resistividades aparentes referentes ao primeiro, terceiro e quinto níveis de investigação. A pluma de contaminação é claramente caracterizada, e sua evolução é definida lateralmente e em profundidade.

Na Fig. 5.16, os ensaios de CE-DD foram efetuados em área de aterro industrial, com a geologia formada por sedimentos arenosos da formação Rio Claro. As pseudosseções mostram, a partir da estaca 80, valores baixos de resistividade associados ao aterro local. No início das linhas, da estaca 30 (L3) à 50 (L1), há uma zona de baixa resistividade caracterizada por contaminação formada por resíduos localizados fora do aterro, em local até então desconhecido. Essa contaminação explica o ponto no córrego, a montante do aterro, com análises das águas apresentando contaminação. O mapa da Fig. 5.17 mostra em planta esses resultados do CE.

A Fig. 5.18 (perfil B e mapa de resistividade) apresenta um caso em que algumas covas em um cemitério são fonte de migração de água do solo (identificadas na seção e no mapa). As sepulturas foram programadas para uma profundidade de 2,5 m.

Após os ensaios geofísicos – CE-DD – pôde-se identificar um fluxo subterrâneo bem definido, localizado na zona não saturada (nível d'água = 12,0 m – determinado pelas SEVs). A origem desse fluxo em faixas mais permeáveis do solo deveu-se a um vazamento da rede de esgoto de indústria ao lado direito da figura, no ponto destacado. A área delimitada pela ocorrência de percolação de água em covas coincide perfeitamente com os baixos valores de resistividade (< 1.500 Ωm) indicando a saturação e fluxo d'água nesses sedimentos.

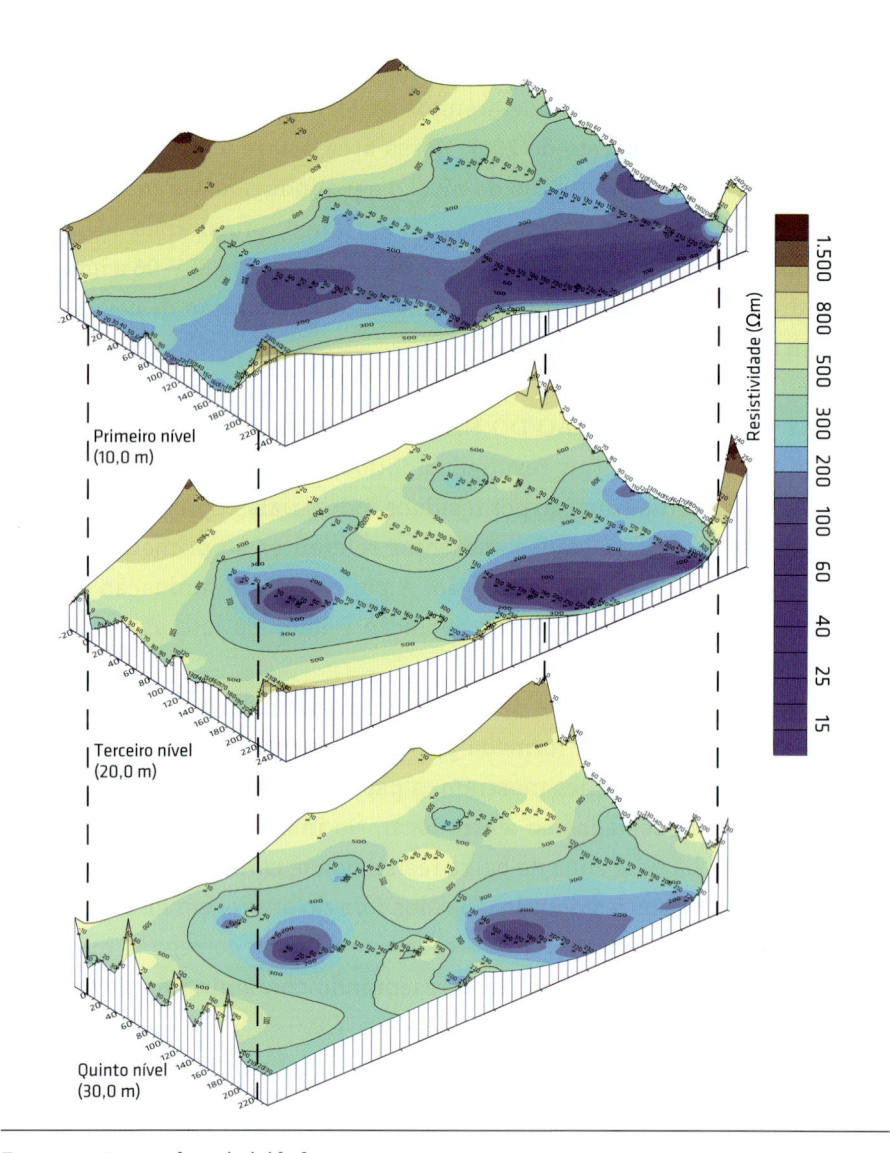

FIG. 5.15 *Mapas de resistividade aparente*

A Fig. 5.19 apresenta os resultados do CE-DD de três linhas representativas dos ensaios efetuados em área de disposição de resíduos sanitários (lixão). As linhas 1 e 2 foram executadas com espaçamento de 40 m, e a linha 3, com espaçamento de 10 m, visando detalhar a zona mais rasa da linha 1, compreendida entre as estacas 620 e 840. A linha 1 foi executada próxima do lixão, e a linha 2, a jusante. Pode-se observar nesses gráficos o contraste significativo entre os valores de resistividade do solo não saturado e do solo contaminado pelo chorume (valores < 500 Ωm), resultante da decomposição dos resíduos. Poços de monitoramento podem ser locados com grande precisão, resultando em informações representativas.

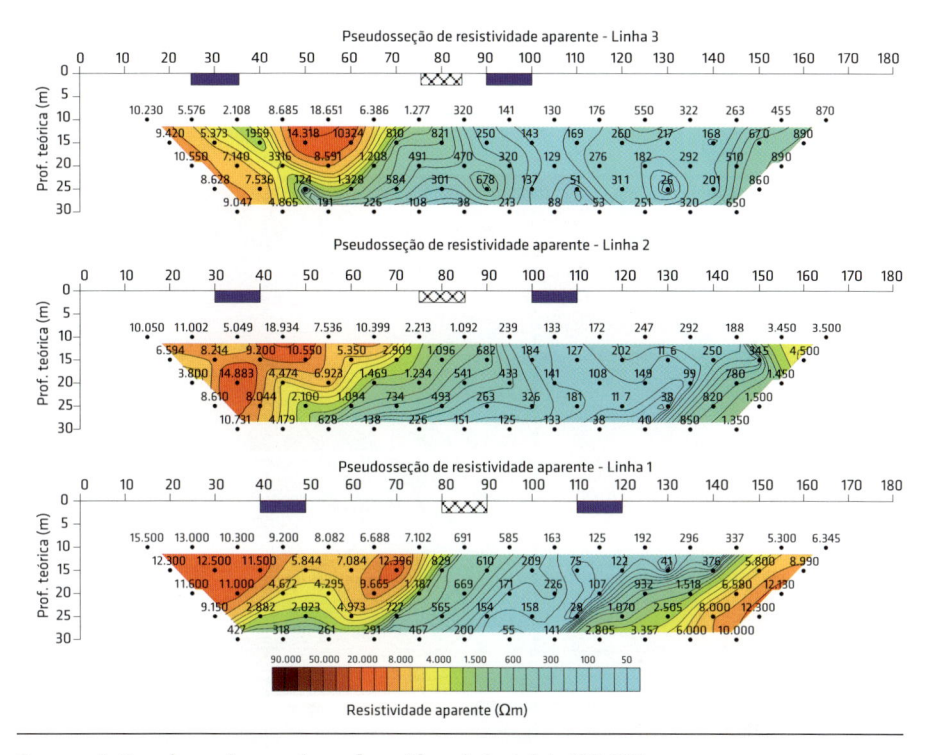

FIG. 5.16 *Pseudosseções em áreas de resíduos industriais (CE-DD)*

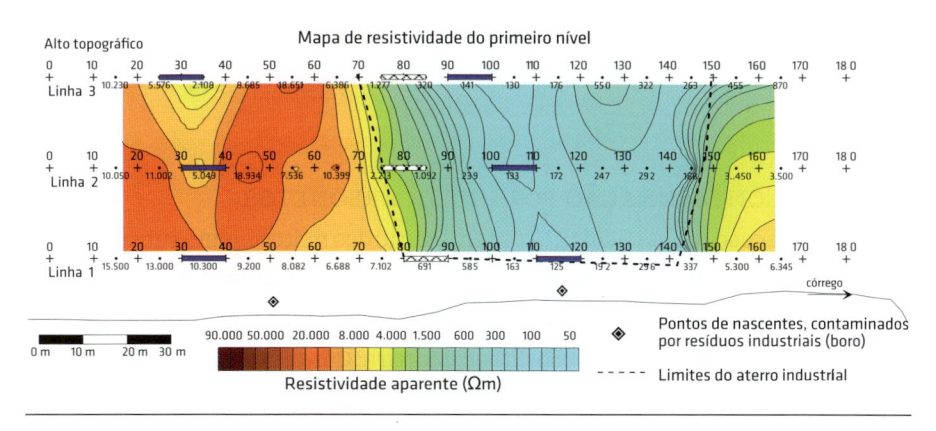

FIG. 5.17 *Mapa identificando a contaminação por resíduos industriais (CE-DD)*

A Fig. 5.20 apresenta os resultados do CE-DD em área industrial, com sedimentos arenosos na superfície. O local apresentou contaminação em um reservatório localizado próximo a uma estação de tratamento de esgoto. Os resultados mostram a contaminação no meio geológico atingindo o reservatório por meio do fluxo subterrâneo. O mapa foi traçado para uma profundidade teórica de 3 m, dentro do não saturado.

> Conferir o infográfico "Contaminação por resíduos sanitários".

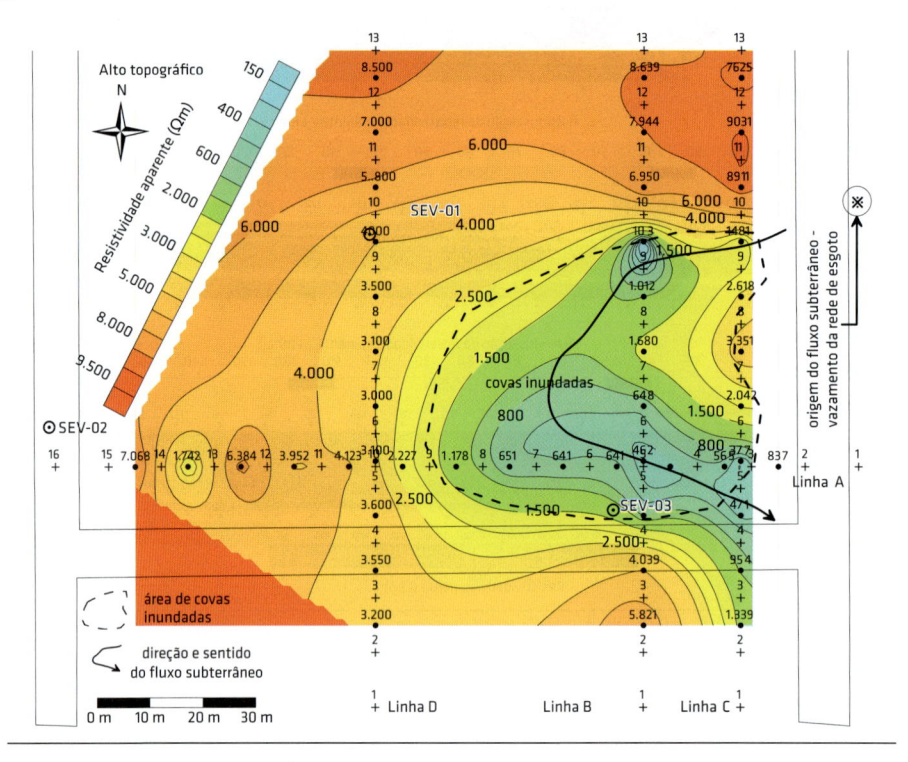

Fig. 5.18 *Ensaios em cemitérios*

5.2.3 Contaminação por hidrocarbonetos

Nesse caso em particular, a contaminação dos materiais em subsuperfície por hidrocarbonetos, como gasolina e óleo diesel, apresenta um aspecto em particular: as resistividades desses materiais geológicos variam com o tempo (Braga, 2005b; Braga; Moreira; Cardinali, 2008; Sauck, 2000).

> Conferir o infográfico "Contaminação por hidrocarbonetos".

Monitoramento em laboratório

Ensaios geofísicos pelos métodos da eletrorresistividade e polarização induzida, por meio das técnicas de CE (arranjo dipolo-dipolo) e PERF

FIG. 5.19 Área de lixão – CE-DD

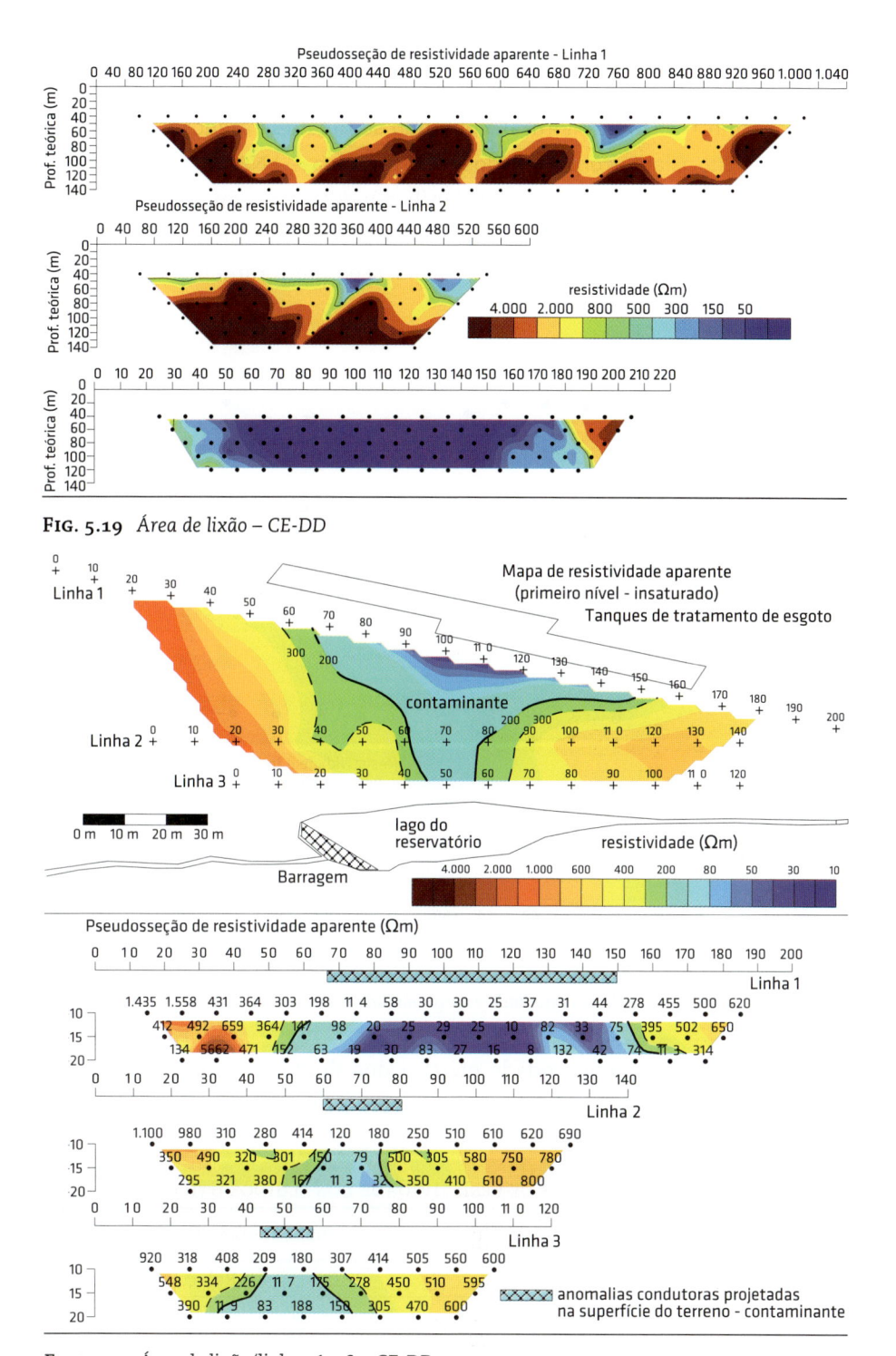

FIG. 5.20 Área de lixão/linhas 1 e 2 – CE-DD

(arranjo polo-dipolo), foram efetuados em dois tanques de fibra de vidro, com as dimensões na parte útil: 2,34 m (comprimento) × 1,34 m (largura) × 0,47 m (altura), contendo sedimentos arenosos da formação Rio Claro, contaminados por: gasolina – LNAPL/*fase líquida não aquosa leve* – tanque 1; e álcool etílico hidratado – tanque 2. As contaminações foram monitoradas durante aproximadamente nove meses. A Fig. 5.21 apresenta os resultados desse monitoramento.

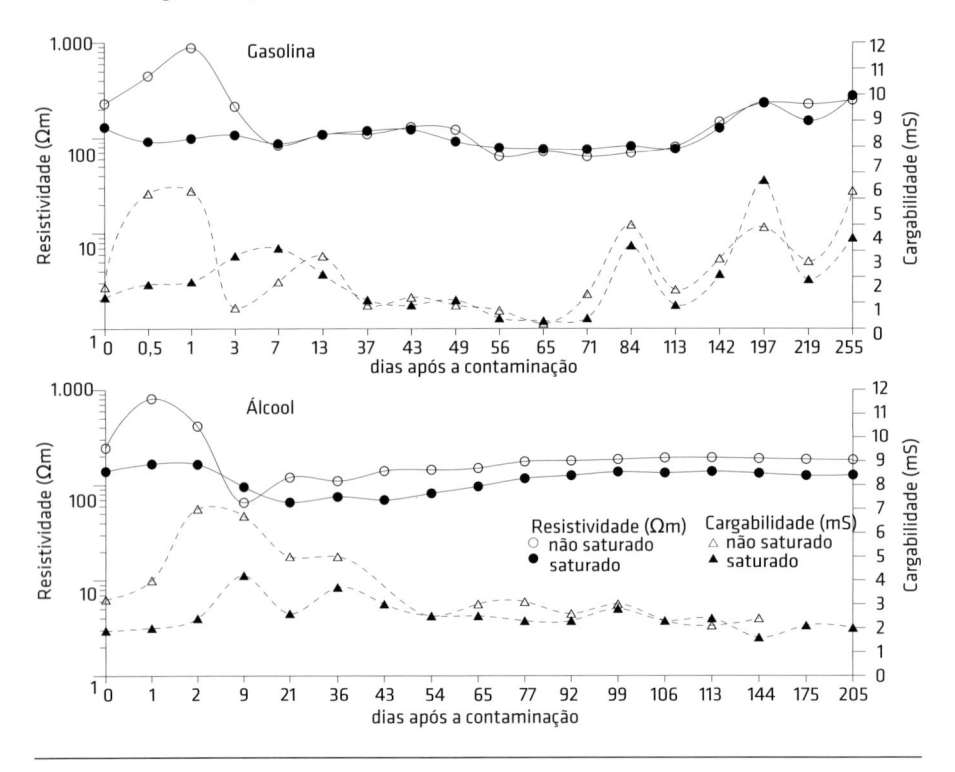

FIG. 5.21 *Monitoramento da resistividade e cargabilidade – técnica da perfilagem*

Medidas da condutividade elétrica dos fluidos analisados: água de saturação, gasolina e álcool etílico resultaram nos valores apresentados na Tab. 5.2.

TAB. 5.2 RELAÇÃO DOS VALORES DE RESISTIVIDADE DOS FLUIDOS UTILIZADOS

Fluido	Condutividade elétrica (mS/cm)		Resistividade (Ωm)		Relação fluido/água	
Água de saturação	0,31		32,0			
Gasolina	0,00028	-	35.714	-	1.166	-
Álcool	-	0,0028	-	3.571	-	116

No tanque 1 – gasolina – os resultados mostram um aumento nos valores de resistividade e cargabilidade para os sedimentos não saturados nas primeiras 24 h após a contaminação, com posterior diminuição atingindo a mesma faixa de valores dos sedimentos saturados. Aproximadamente após 84 dias, os valores apresentam uma tendência de aumento.

No tanque 2 – álcool – os resultados mostram que os parâmetros geoelétricos têm as mesmas tendências de variação que no ensaio com gasolina, apenas com destaque para a cargabilidade, cujo valor de pico foi atingido dois dias após a contaminação e com queda acentuada após 36 dias. A Fig. 5.22 apresenta os resultados do CE-DD, com a pseudosseção e a seção geoelétrica resultante de processamento, um dia após a contaminação. A pluma de contaminação por gasolina é perfeitamente identificável, e sua concentração acima do nível d'água está localizada aproximadamente a 5 cm de profundidade.

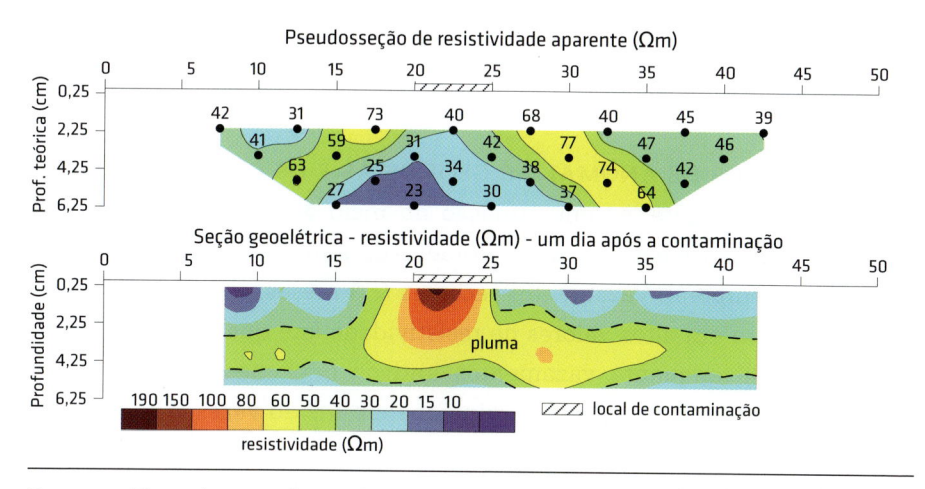

FIG. 5.22 *Pluma de contaminação por gasolina – técnica do CE*

Em vazamentos de derivados de hidrocarbonetos, o fator tempo é importante na caracterização dos parâmetros geoelétricos resistividade e cargabilidade. Em relação ao meio natural (sem contaminante), vazamentos recentes deverão apresentar valores de resistividade altos e de cargabilidade baixos. Em vazamentos antigos, a situação se inverte: os valores de resistividade deverão ser baixos, e os de cargabilidade, altos.

5.2.4 Vulnerabilidade natural de aquíferos livres

São apresentados a seguir vários estudos de caso que utilizam a estimativa da vulnerabilidade natural de aquíferos livres com base no método da condutância longitudinal Dar Zarrouk. A Fig. 5.23A ilustra os resultados obtidos em área industrial na qual ocorrem sedimentos arenosos da formação Botucatu – bacia sedimentar do Paraná. A área apresenta uma variação de alta a muito alta vulnerabilidade, indicando medidas de proteção ao aquífero livre.

Na Fig. 5.23B, a área apresenta de moderada a muito baixa vulnerabilidade em praticamente 90% de sua totalidade, com restritas manchas de vulnerabilidade alta a muito alta. A Fig. 5.23C já apresenta uma área com vulnerabilidade alta a extrema, indicando uma região com restrições a eventuais fontes de contaminação.

A Fig. 5.24 apresenta o resultado envolvendo os municípios de Marília e Bauru (SP) (Francisco, 2013) utilizando faixas de vulnerabilidade diferentes da proposta por esse autor. A Fig. 5.25 mostra os resultados encontrados em área de ocorrência da formação Rio Claro, em que predominam as classes de vulnerabilidade muito alta e extrema, embora haja alta vulnerabilidade na área urbana do município.

5.2.5 Tipos de anomalias geofísicas e os contaminantes

A identificação de contaminação do meio geológico por derivados de hidrocarbonetos, como já comentado anteriormente, considera o fator temporal. Vazamentos recentes (< 3 meses, aproximadamente) resultam em altos valores de resistividade (até quatro vezes o valor normal), enquanto vazamentos antigos (> 3 meses, aproximadamente) têm seus valores diminuídos em até 10 vezes (Fig. 5.26) em relação ao normal.

A Fig. 5.27 apresenta a metodologia e os resultados em estudos envolvendo aterros sanitários com o método da eletrorresistividade. A técnica da SEV deve ser utilizada visando determinar a geologia e o fluxo d'água subterrâneo (mapa potenciométrico), enquanto o CE é utilizado com o objetivo de delimitar, lateralmente e em profundidade, as plumas de contaminação, sendo seu detalhe de investigação superior ao das SEVs, as quais determinam o contaminante de maneira pontual.

Na Fig. 5.28, tem-se a ilustração de um caso teórico de um perfil de resistividade obtido pelo CE – Wenner em situações em que a saturação em água poderia mascarar uma anomalia esperada resultante de contaminantes. A ascensão do freático, bem como vazamentos em estruturas diversas, satura os sedimentos superficiais resultando em anomalias com resistivi-

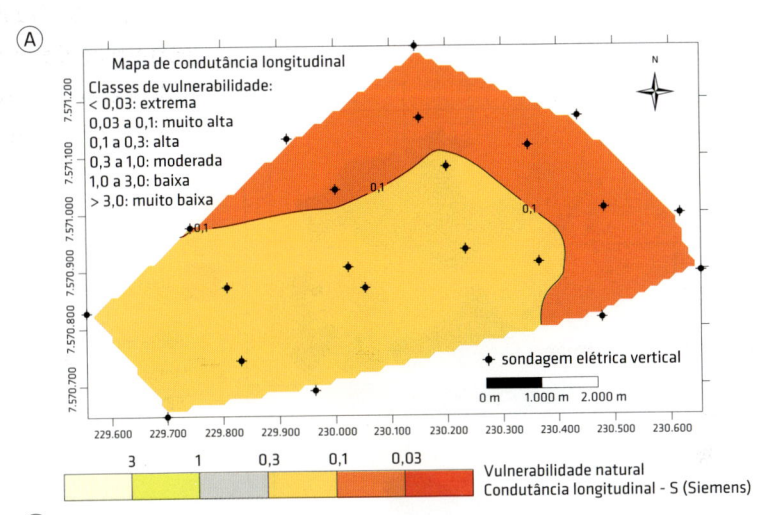

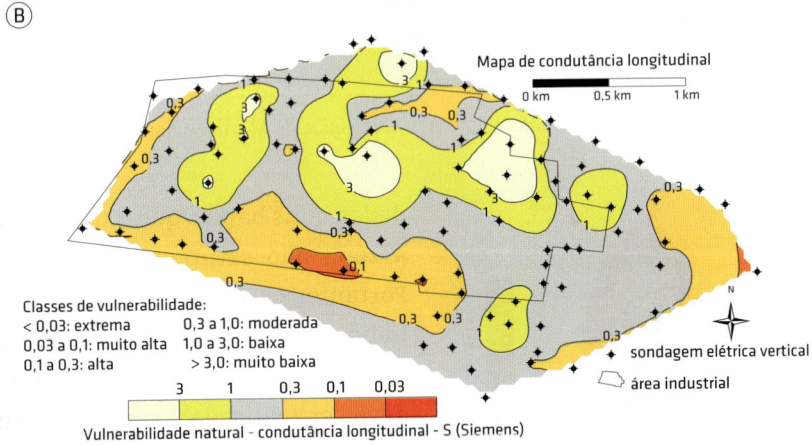

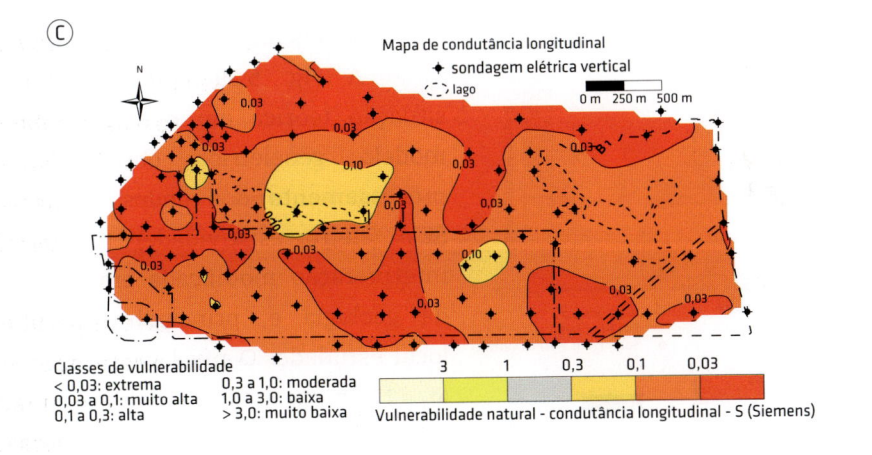

5 Métodos geoelétricos na contaminação das águas subterrâneas

FIG. 5.23 *Vulnerabilidade de aquífero livre em áreas industriais*

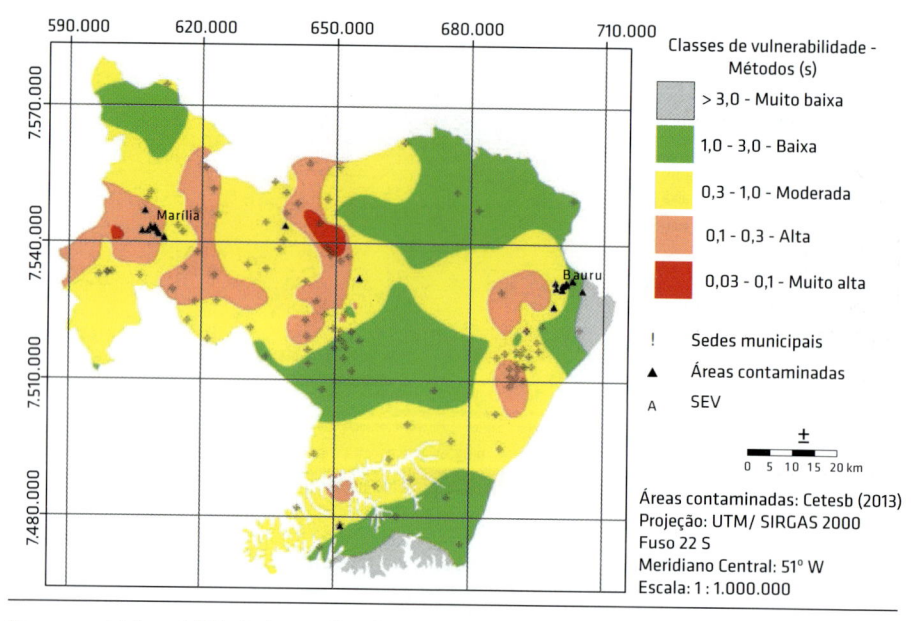

FIG. 5.24 Vulnerabilidade de aquífero livre nos municípios de Marília e Bauru (SP)
Fonte: Francisco (2013).

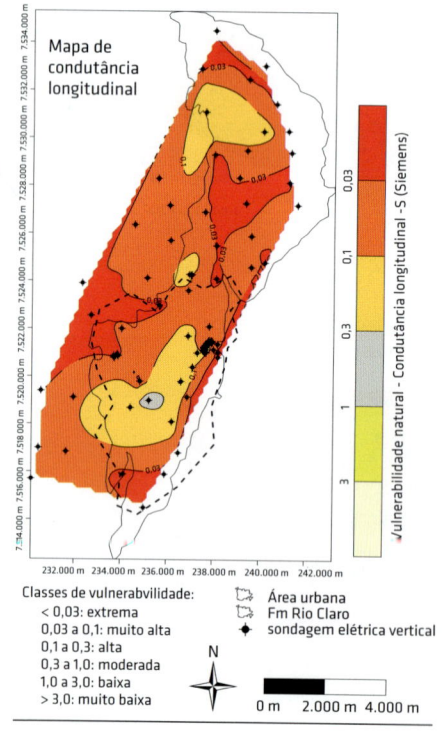

FIG. 5.25 Vulnerabilidade de aquífero livre no município de Rio Claro (SP)

dades mais baixas que o normal para a zona não saturada (ver Fig. 5.18). Portanto, os resultados da geofísica indicariam a localização de *provável* contaminante, cuja identificação final deve ser realizada e comprovada por poços de monitoramento, com coleta e análise dos materiais investigados.

A Fig. 5.29 apresenta uma situação teórica em que o mesmo modelo geoelétrico obtido pelo processamento dos dados de uma SEV (eletrorresistividade) tem sua interpretação modificada em função da geologia e, principalmente, do local estudado. O nível geoelétrico 4 ($\rho_4 = 12\ \Omega m$) do modelo reflete três situações diferentes, em que sedimentos argilosos apresentam a mesma gama

5 Métodos geoelétricos na contaminação das águas subterrâneas

de valores que, por exemplo, sedimentos arenosos saturados de água salgada e/ou chorume. Portanto, o intérprete deve considerar não apenas o resultado processado, mas o contexto geológico local.

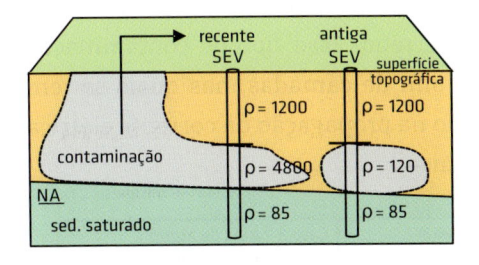

FIG. 5.26 Contaminação por derivados de hidrocarbonetos

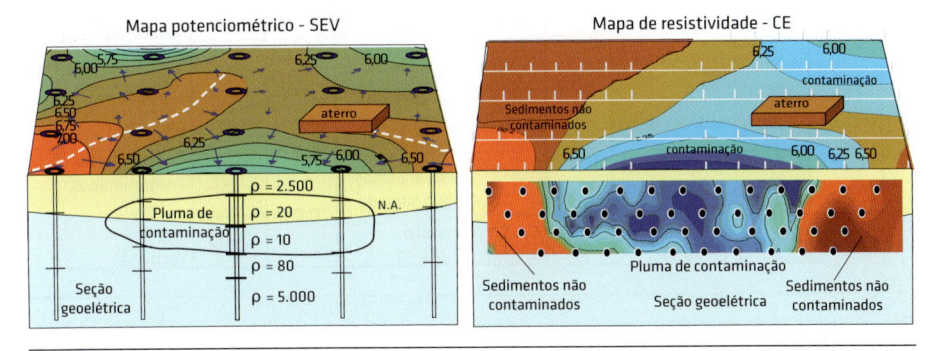

FIG. 5.27 Metodologia geoelétrica em estudos de aterros sanitários

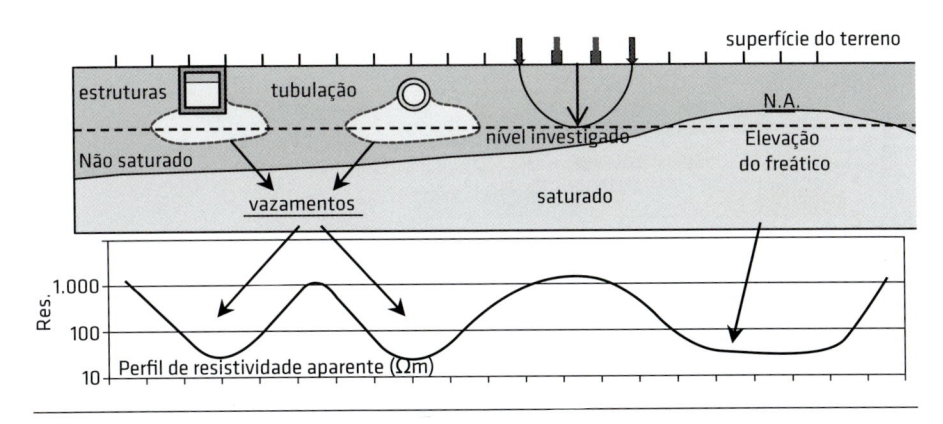

FIG. 5.28 Anomalias geofísicas

Na Fig. 5.30, tem-se uma pseudosseção de resistividade aparente executada em área de disposição de resíduos sólidos de uma indústria de fundição, localizada em terreno sedimentar. As análises indicaram concentrações elevadas nos seguintes minerais metálicos: chumbo, cromo total, alumínio, ferro e manganês. Nessa figura observa-se a grande variação de resistividade do nível 3 para o nível 4, diferença essa que chega a até 7.000 vezes. A faixa correspondente ao terceiro nível reflete um horizonte com grande concentração desses minerais metálicos, estendendo-se até, praticamente, próximo à superfície do terreno. Esse tipo de contaminação não apresenta a forma de pluma, mas sim de camadas, nas quais se tem areia com minerais metálicos, resultando na propagação da corrente elétrica devido à condutividade metálica (eletrônica).

Caso 1 - Grupo tubarão Sorocaba (SP)			Caso 2 - Zona costeira Litoral Norte (SP)			Caso 3 - Área de aterro Sed. arenoso		
0,75 m	1.200	insaturado	0,75 m	1.200	insaturado	0,75 m	1.200	insaturado
2,0 m	3.800	N.A.	2,0 m	3.800	N.A.	2,0 m	3.800	N.A.
8,0 m	60	sed. arenosos	8,0 m	60	sed. arenosos água doce *cunha salina*	8,0 m	60	sed. arenosos
20,0 m	12	sed. argilosos	20,0 m	12	sed. argilosos água salgada	20,0 m	12	sed. argilosos contaminados - chorume
	5.000	Granito - rocha sã		5.000	Granito - rocha sã		5.000	Granito - rocha sã

FIG. 5.29 *Modelo geoelétrico em função da geologia e local de trabalho*

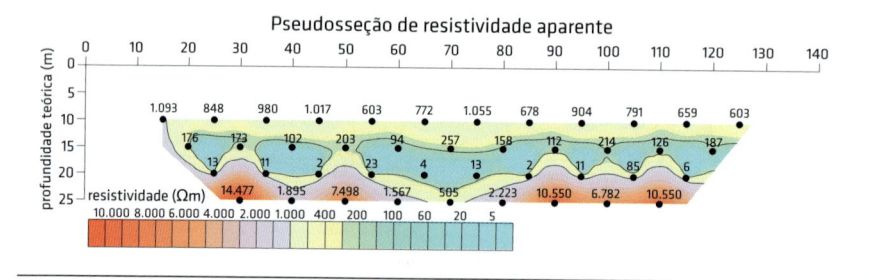

FIG. 5.30 *Contaminação de sedimentos – técnica do CE-DD*

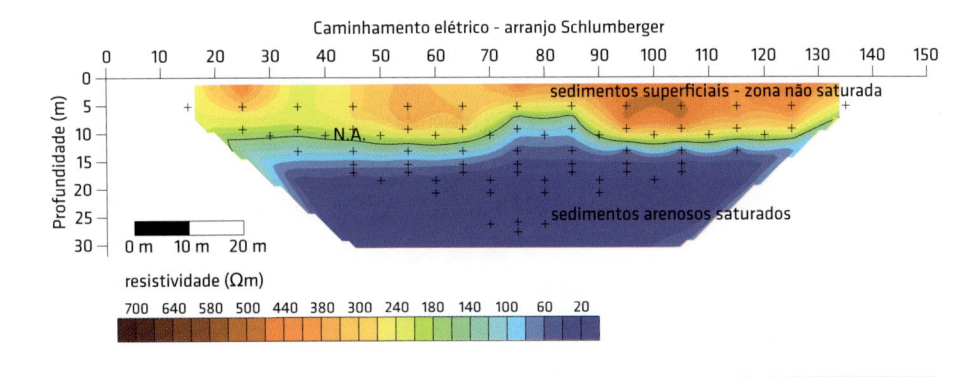

FIG. 3.2 Seção geoelétrica – CE arranjo Schlumberger

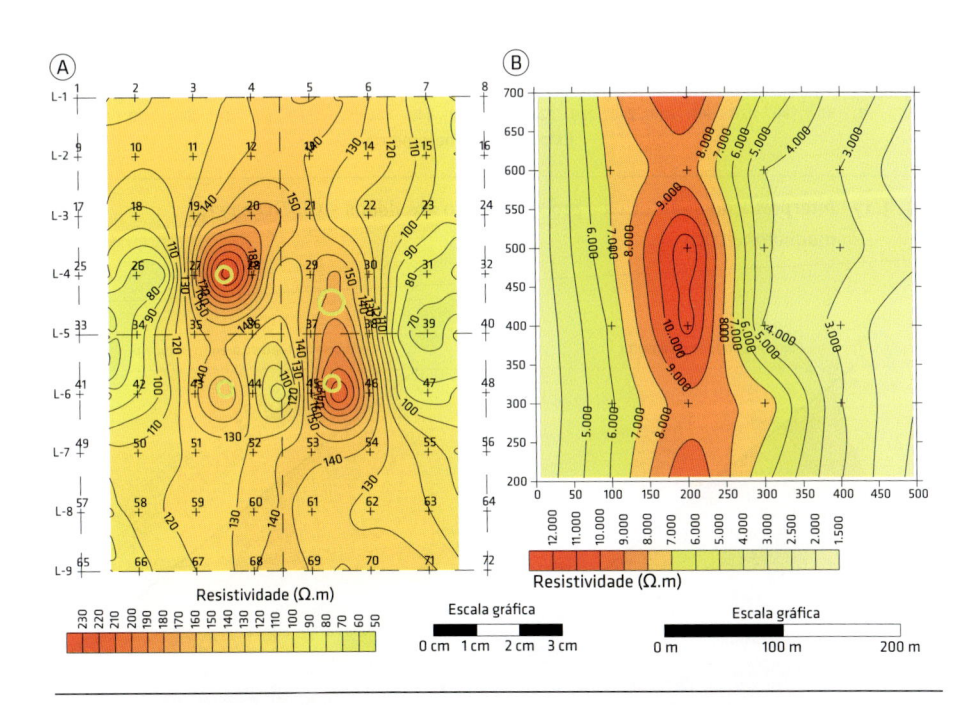

FIG. 3.5 CE: (A) contaminação e (B) falhamento

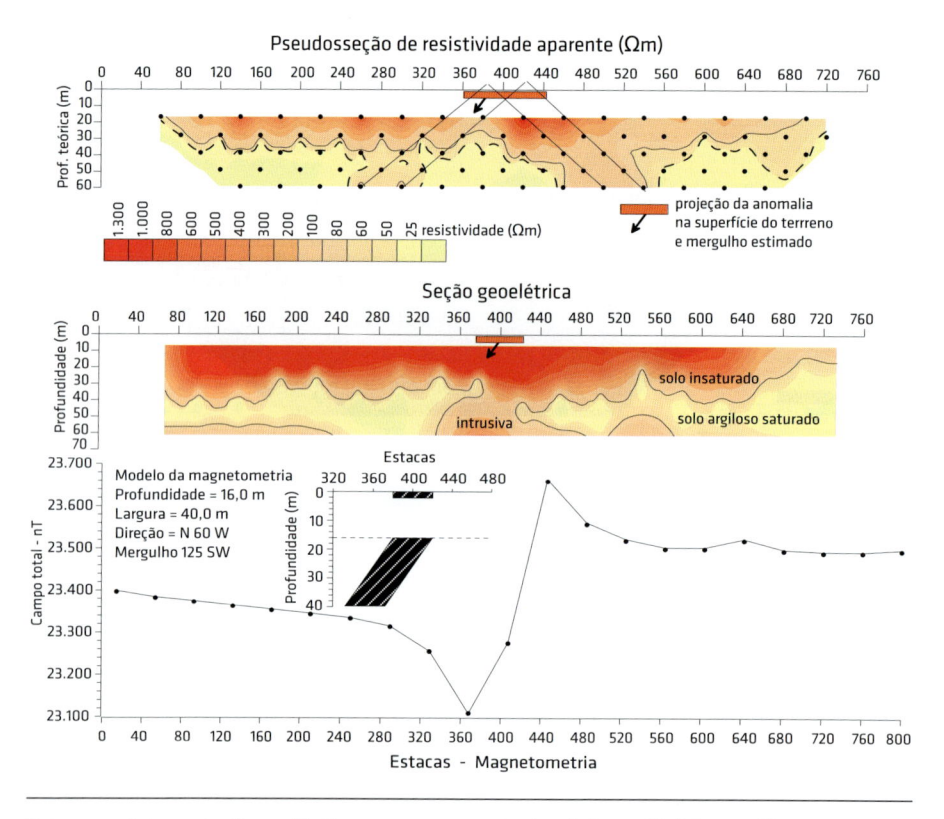

FIG. 3.17 Interpretação qualitativa e processamento dos dados – CE-DD e perfil magnetométrico

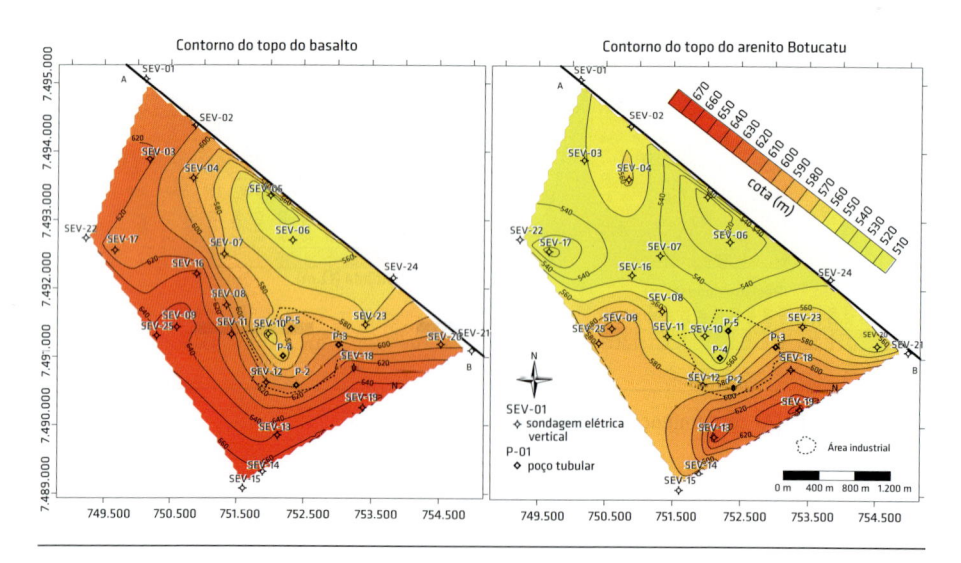

FIG. 4.19 Mapas da cota do basalto e arenito Botucatu

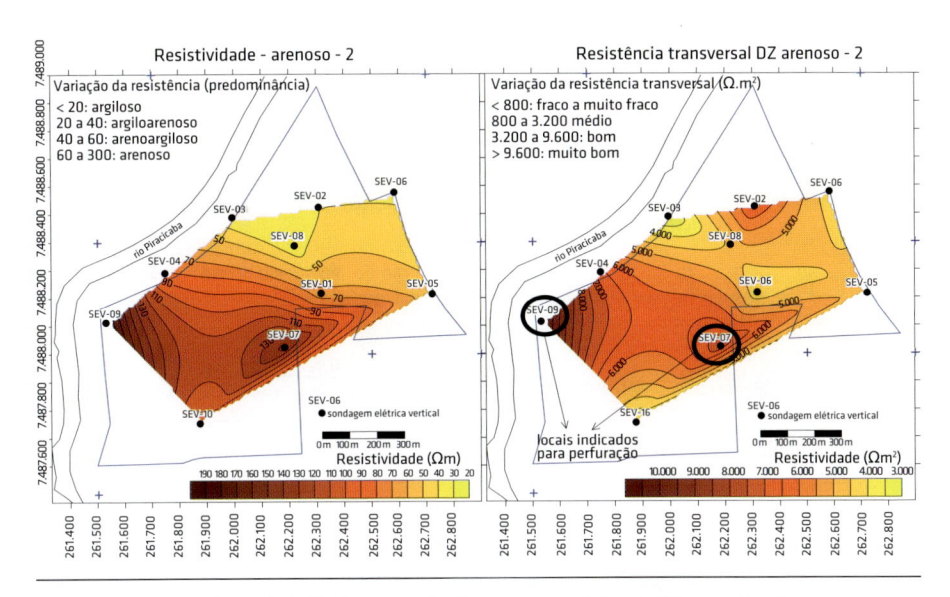

FIG. 4.23 Mapas de resistividade e resistência transversal do aquífero confinado

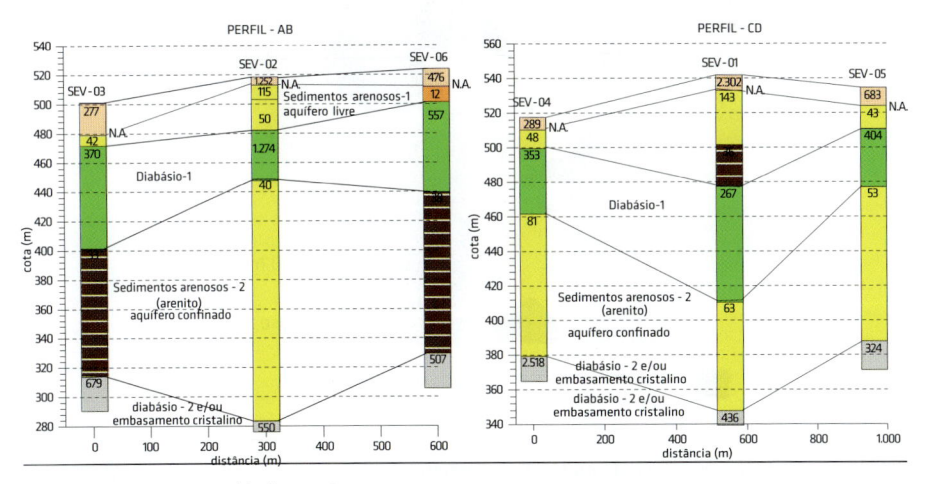

FIG. 4.24 Seções geoelétricas – SEV

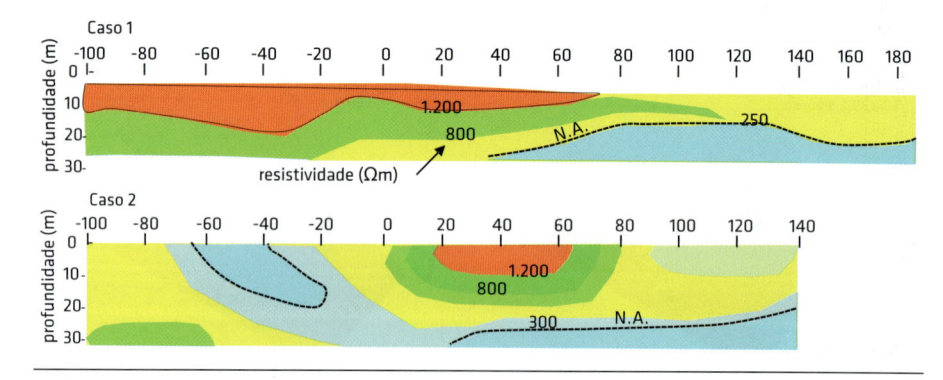

FIG. 4.26 Cavidades em sedimentos

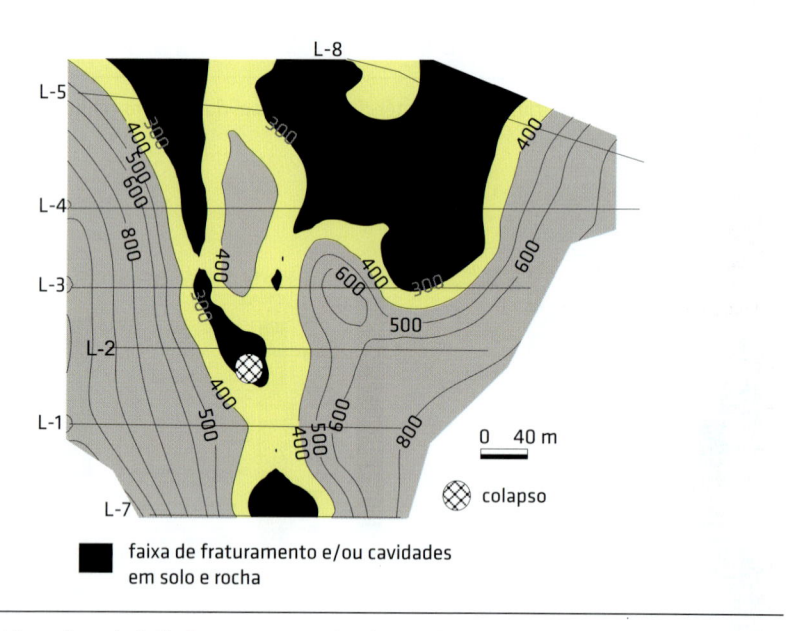

FIG. 4.27 Mapa de resistividade aparente – primeiro nível

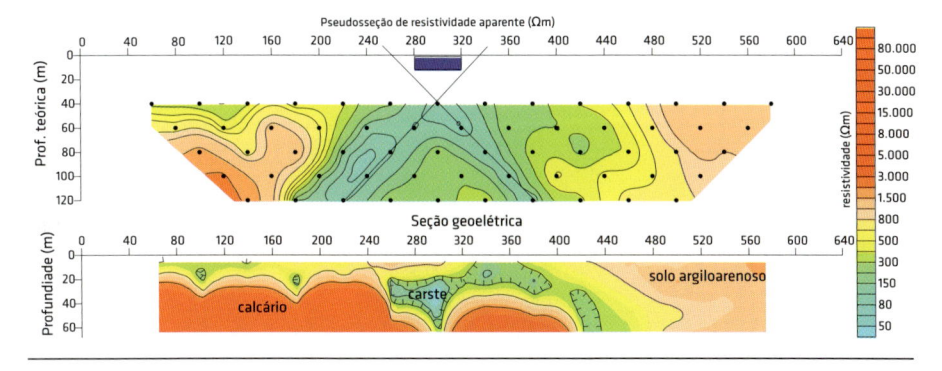

FIG. 4.28 *Inversão da linha 3 do CE-DD*
Fonte: Geotomo Res2dinv.

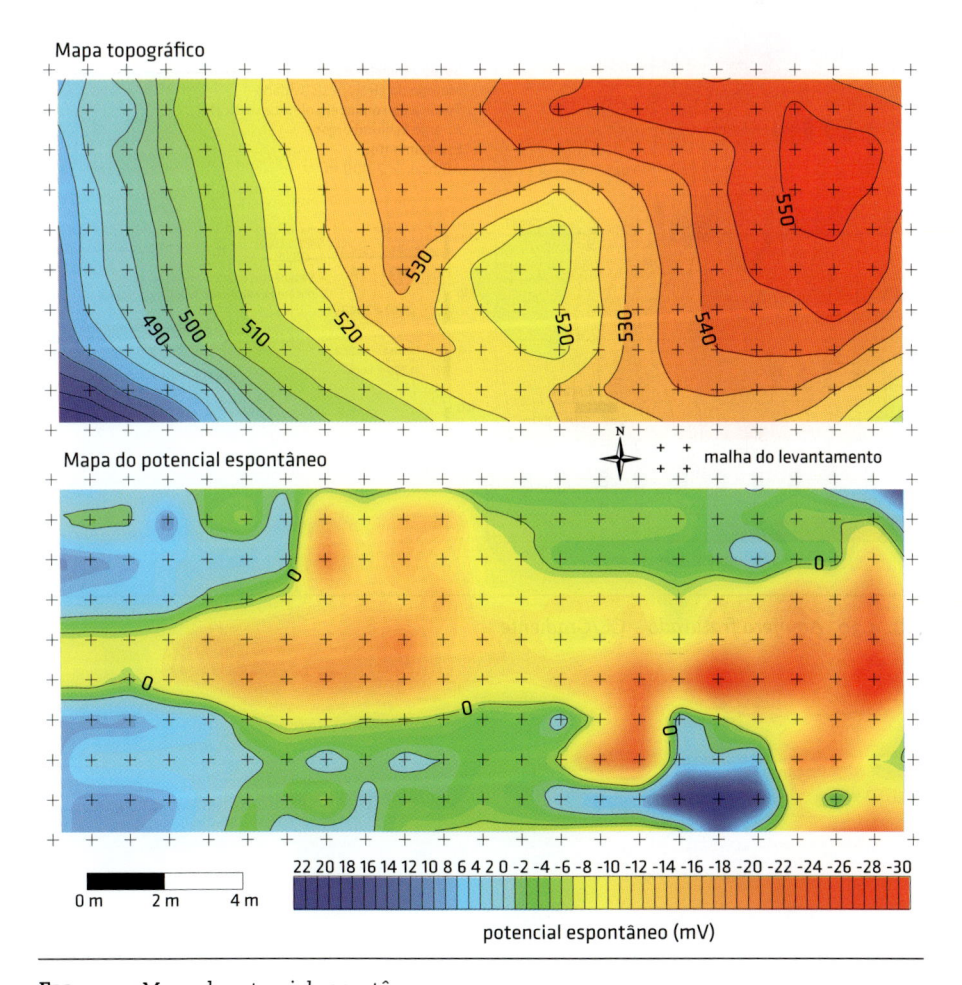

FIG. 4.29 *Mapa de potencial espontâneo*

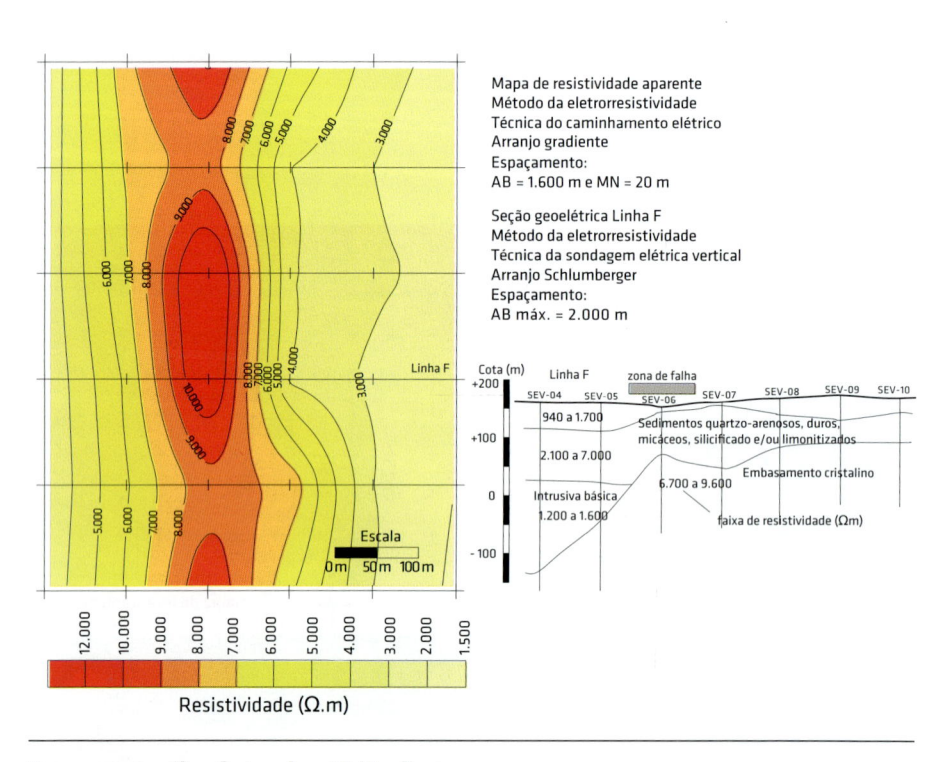

Mapa de resistividade aparente
Método da eletrorresistividade
Técnica do caminhamento elétrico
Arranjo gradiente
Espaçamento:
AB = 1.600 m e MN = 20 m

Seção geoelétrica Linha F
Método da eletrorresistividade
Técnica da sondagem elétrica vertical
Arranjo Schlumberger
Espaçamento:
AB máx. = 2.000 m

FIG. 4.30 *Aquífero fraturado – CE/Gradiente*

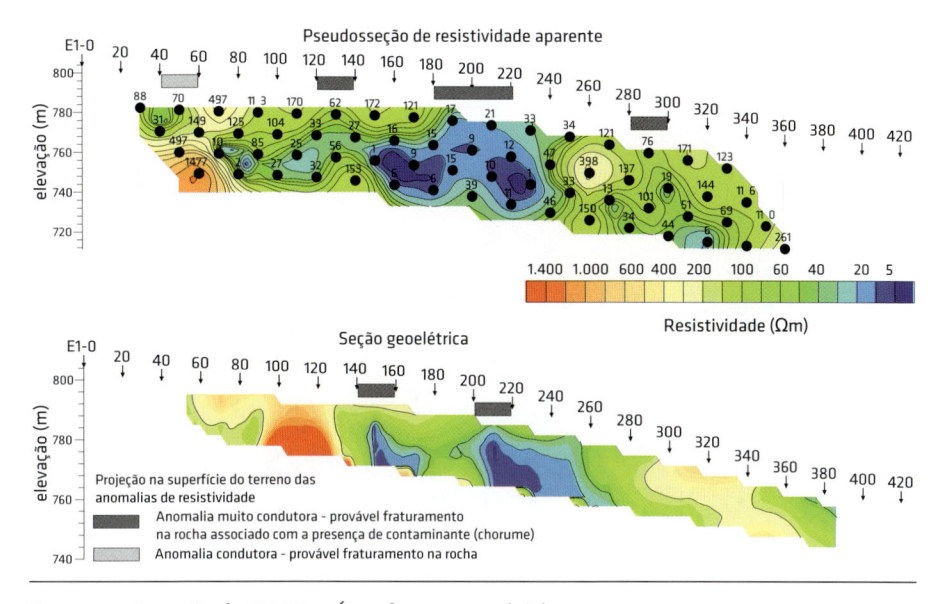

FIG. 4.31 Inversão de CE-DD – Área de aterro sanitário
Fonte: Geotomo Res2dinv.

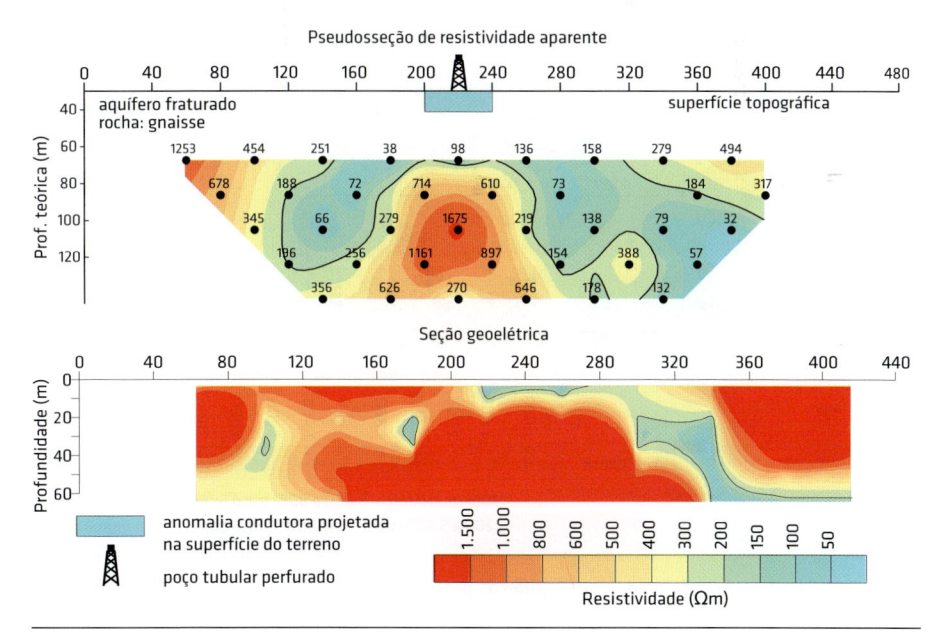

FIG. 4.32 Inversão de CE-DD – Área de rochas cristalinas
Fonte: Geotomo Res2dinv.

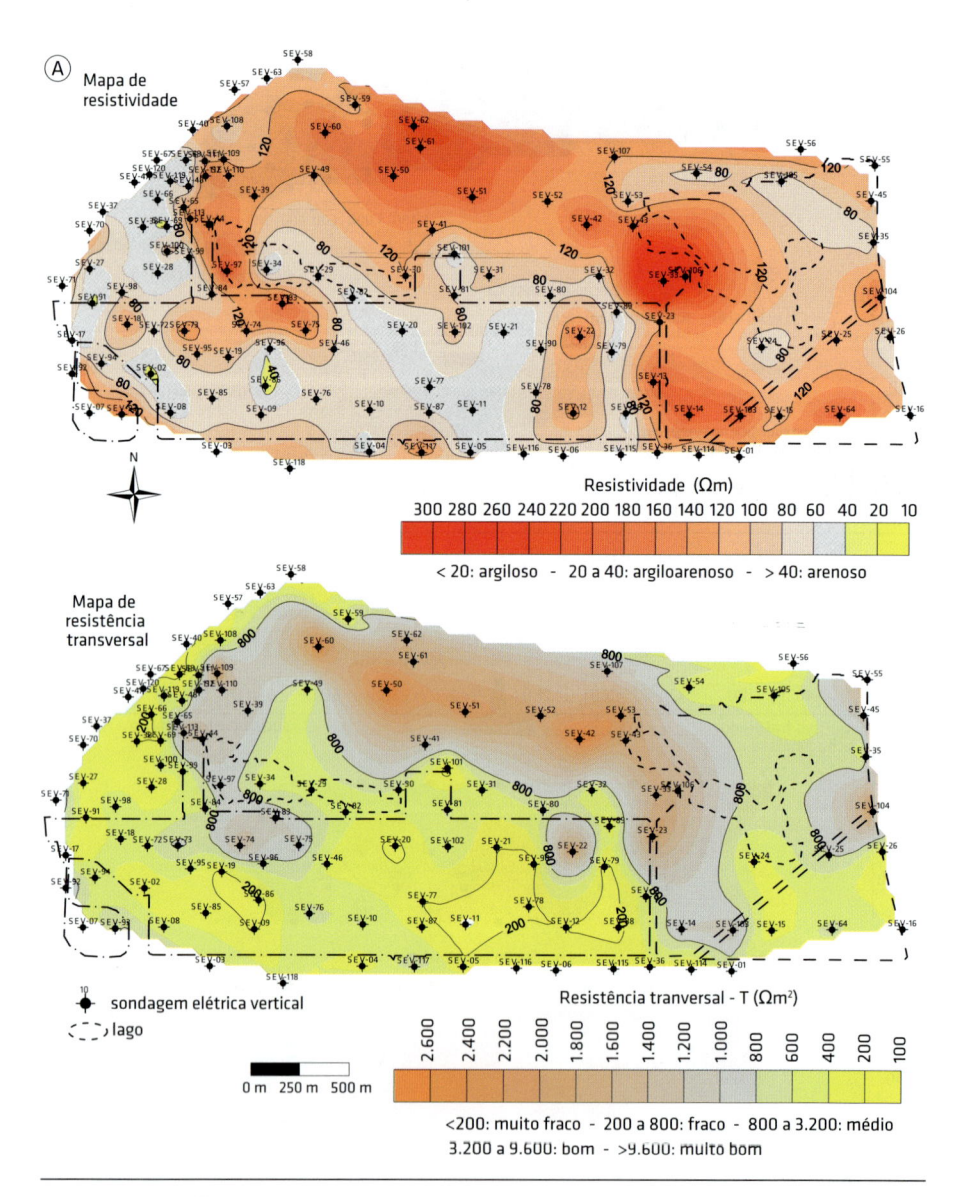

FIG. 4.33 Identificação de áreas com aquíferos promissores: (A) caso 1

Mapa de resistividade

Resistividade (Ωm)

300 280 260 240 220 200 180 160 140 120 100 80 60 40 20 10

< 20: argiloso - 20 a 40: argiloarenoso -
> 40: arenoso

Mapa de resistência transversal

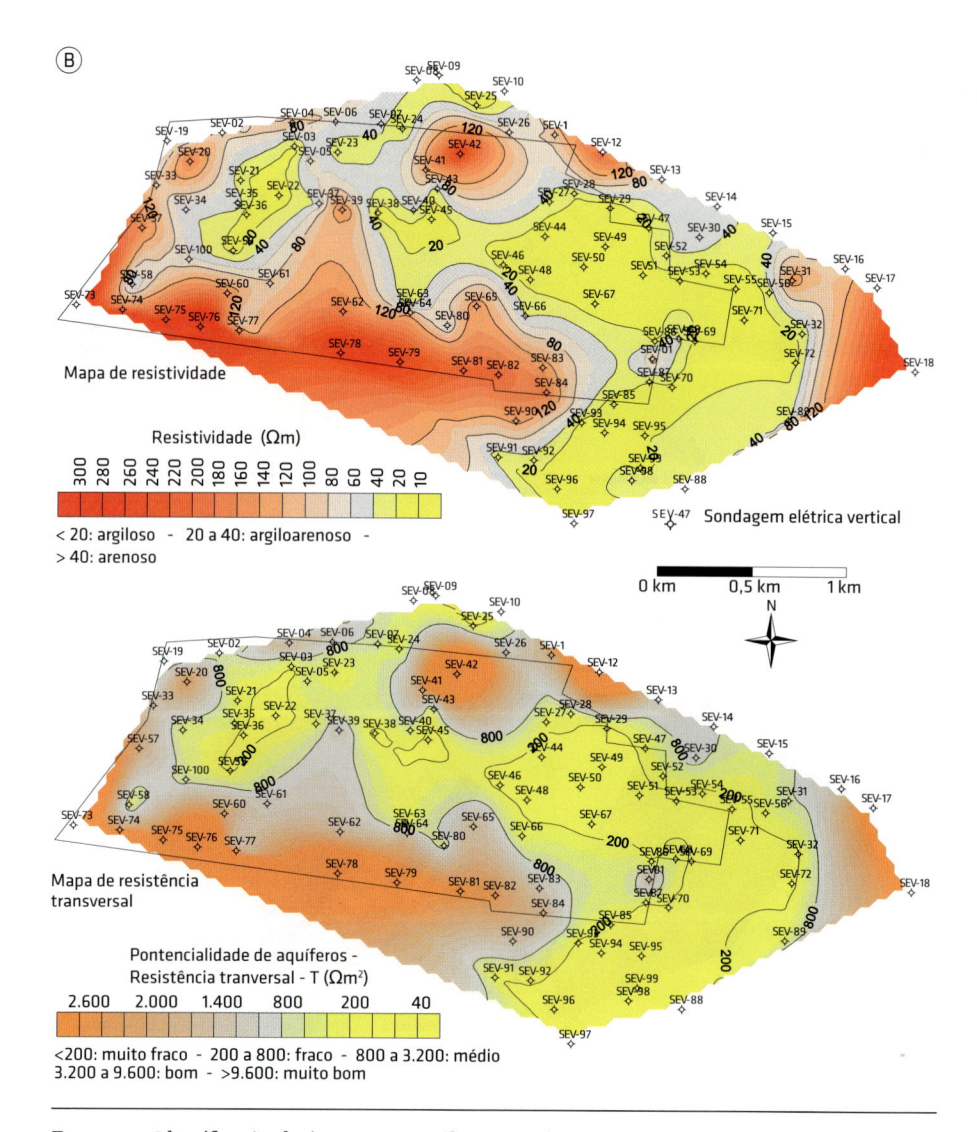

Pontencialidade de aquíferos - Resistência tranversal - T (Ωm²)

2.600 2.000 1.400 800 200 40

<200: muito fraco - 200 a 800: fraco - 800 a 3.200: médio
3.200 a 9.600: bom - >9.600: muito bom

SEV-47 Sondagem elétrica vertical

Fig. 4.33 *Identificação de áreas com aquíferos promissores: (B) caso 2*

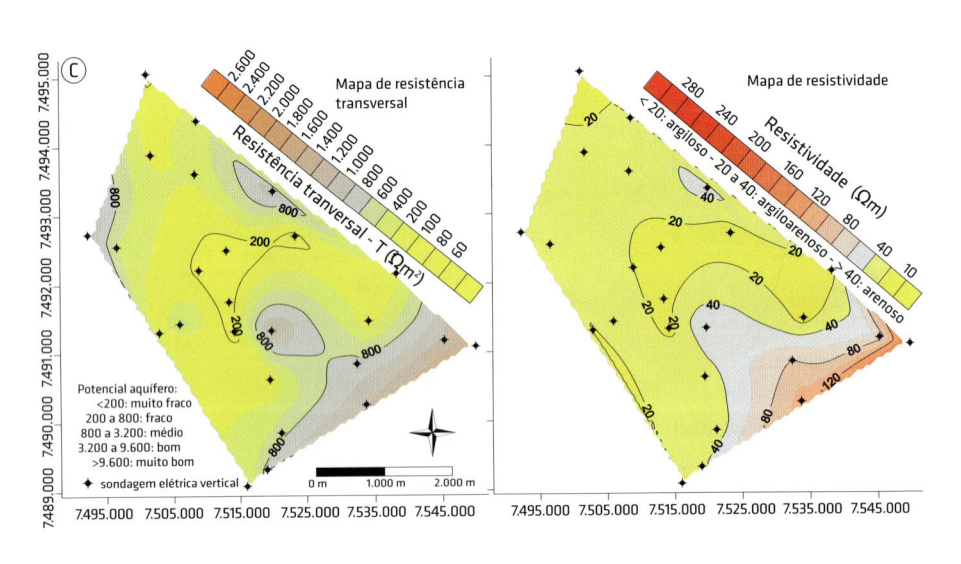

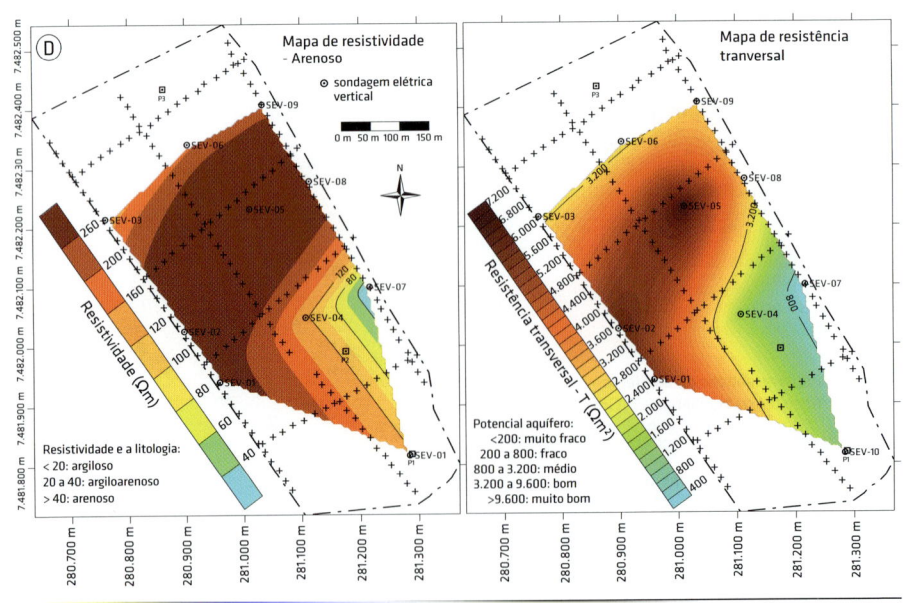

FIG. 4.33 Identificação de áreas com aquíferos promissores: (C) caso 3 e (D) caso 4

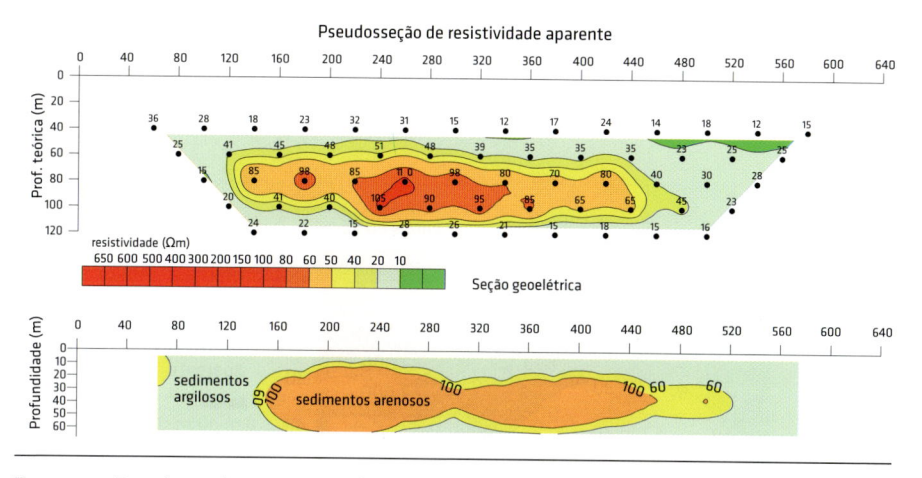

FIG. 4.34 Pseudosseção e seção geoelétrica em área sedimentar do grupo Itararé – bacia sedimentar do Paraná

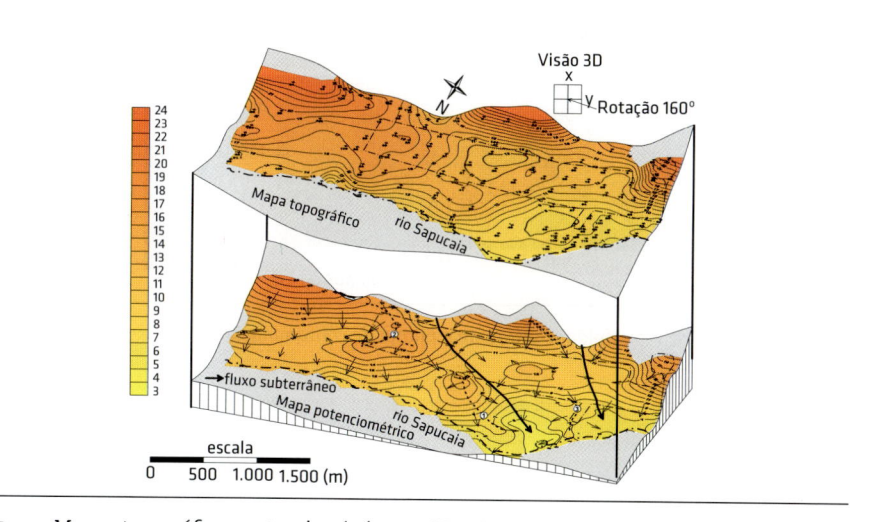

FIG. 5.3 Mapas topográfico e potenciométrico em 3D – SEV

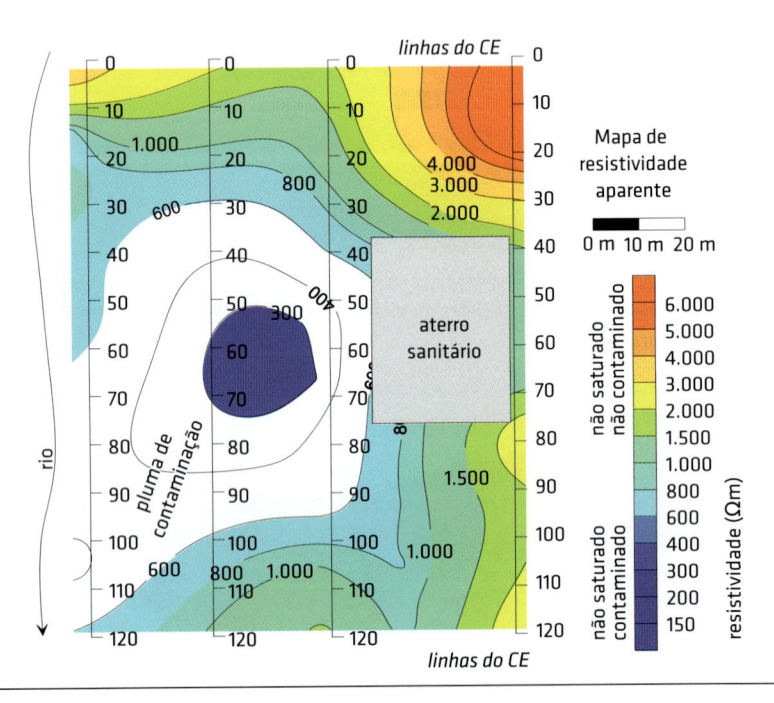

FIG. 5.6 *Mapa de resistividade aparente e pluma de contaminação*

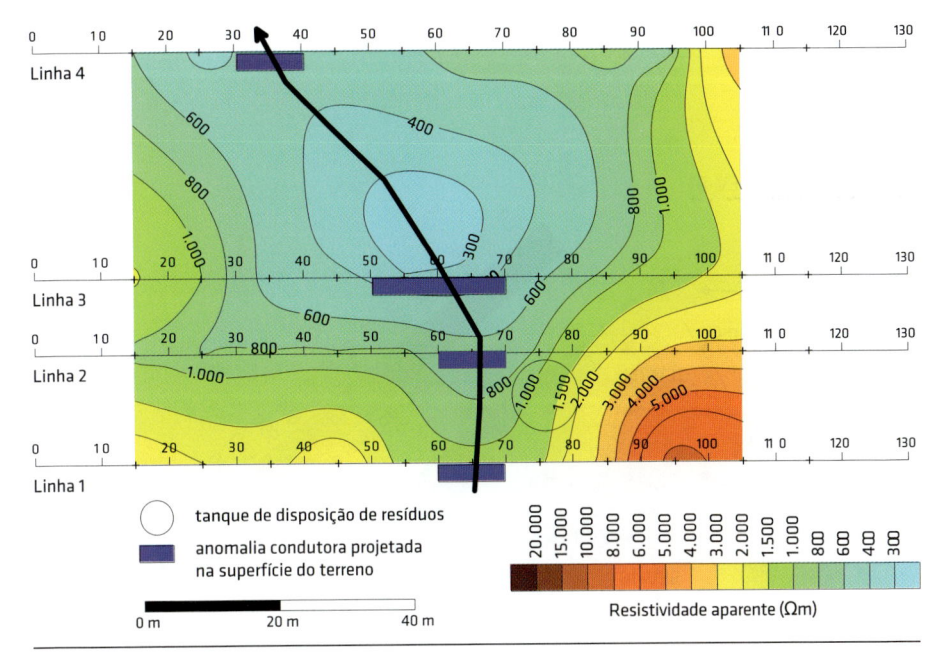

FIG. 5.10 Mapa de resistividade aparente

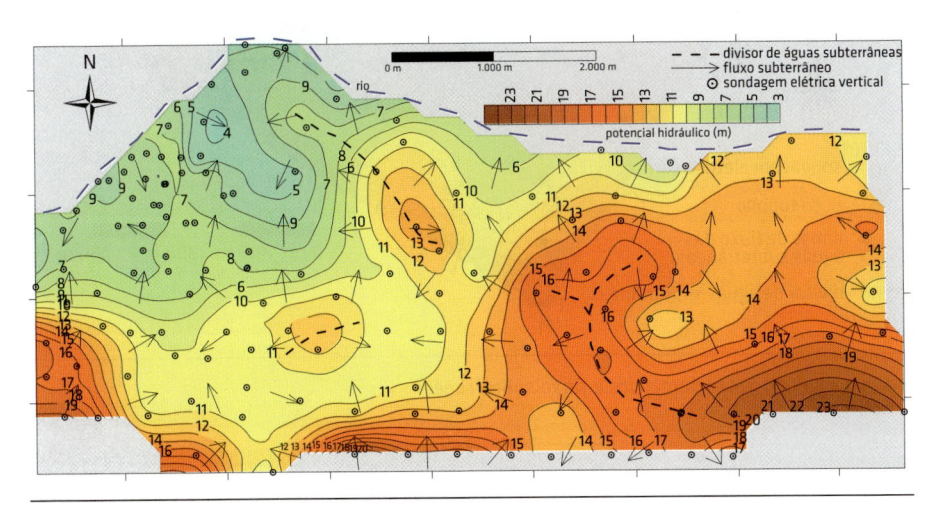

FIG. 5.11 Mapa potenciométrico em área industrial

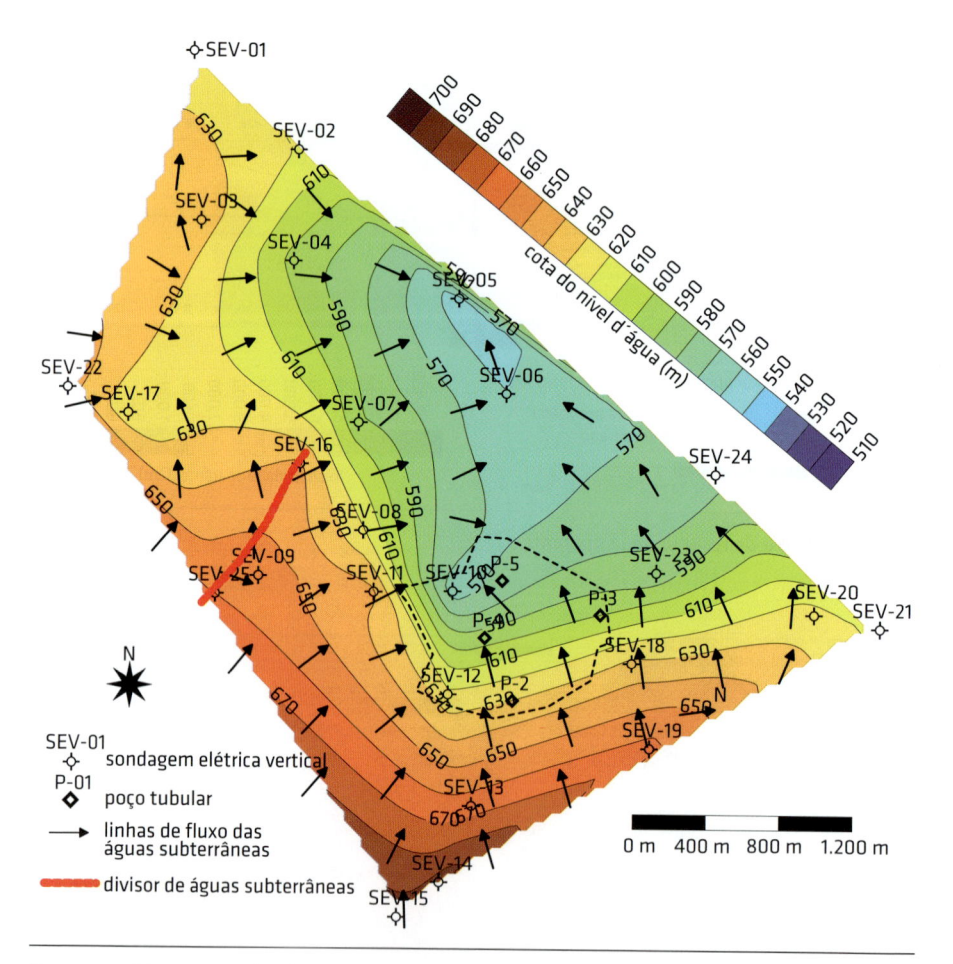

FIG. 5.12 *Mapa potenciométrico e fluxo subterrâneo*

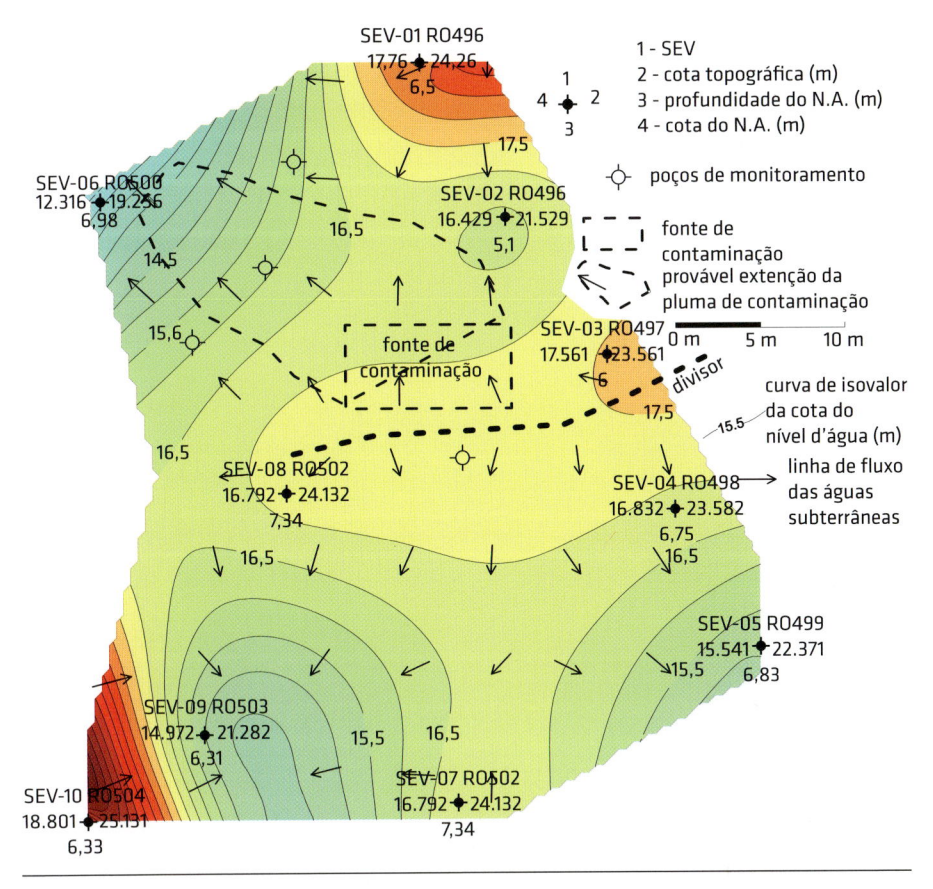

FIG. 5.13 Mapa potenciométrico identificando provável pluma de contaminação

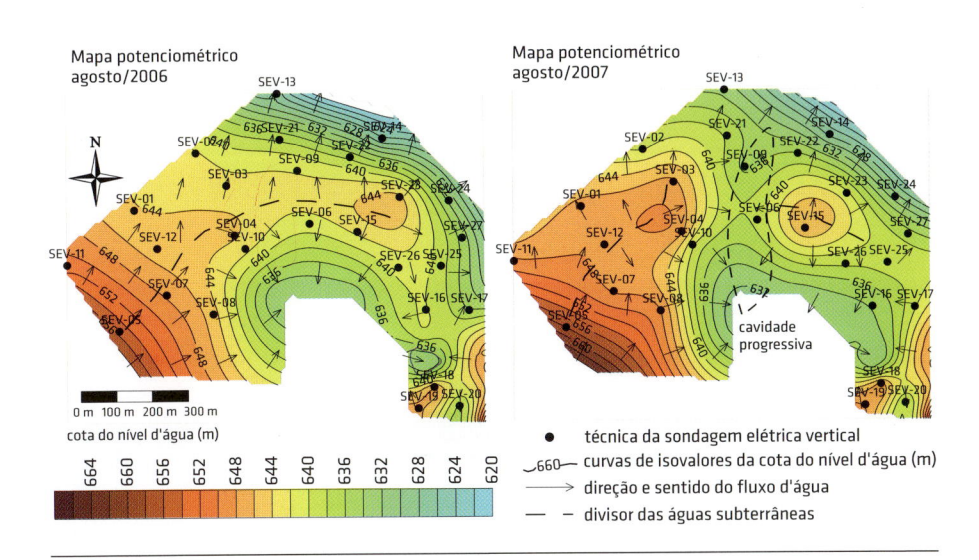

FIG. 5.14 Mapa potenciométrico e o monitoramento do fluxo subterrâneo

Referências bibliográficas

ALFANO, L. The influence of surface formations on the apparent resistivity values in electrical prospecting. *Geophysical Prospecting*, v. 8, p. 576-606, 1966.

ARCHIE, G. E. The electrical resistivity log as an aid in determining some reservoir characteristics. *Trans. Am. Inst. Min. Metall. Eng.*, n. 146, p. 54-62, 1942.

BRAGA, A. C. O. *Métodos geoelétricos aplicados na caracterização geológica e geotécnica - Formações Rio Claro e Corumbataí, no município de Rio Claro – SP*. 1997. 169 f. Tese (Doutorado em Geociências e Meio Ambiente) – Instituto de Geociências e Ciências Exatas, Universidade Estadual Paulista, Rio Claro, 1997.

BRAGA, A. C. O.; MALAGUTTI FILHO, W.; DOURADO, J. C. Resistivity (DC) method applied to aquifer protection studies. *Journal of Environmental and Engineering Geophysics (JEEG)*. Denver, CO: The Environmental and Engineering Geophysical Society (EEGS), 2005a. ISSN-1083-1363.

BRAGA, A. C. O. *Métodos geoelétricos aplicados em estudos de contaminação de solos e águas subterrâneas por derivados de hidrocarbonetos*. Rio Claro: Fapesp, 2005b. 58 p. (Relatório Técnico/Científico de Pesquisa).

BRAGA, A. C. O. *Métodos da eletrorresistividade e polarização induzida aplicados nos estudos da captação e contaminação de águas subterrâneas: uma abordagem metodológica e prática*. 2006. 121 f. Tese (Livre-Docência na disciplina Métodos Geoelétricos Aplicados à Hidrogeologia) – Instituto de Geociências e Ciências Exatas, Universidade Estadual Paulista, Rio Claro, 2006.

BRAGA, A. C. O.; MOREIRA, C. A.; CARDINALI, M. T. Variação temporal da resistividade elétrica em contaminação por gasolina. *Revista Geociências*, v. 27, n. 4, p. 517-525, 2008. Disponível em: <http://www.revistageociencias.com.br/>. ISSN 0101-9082.

COMPAGNIE GÉNÉRALE DE GÉOPHYSIQUE. *Master curves for electrical sounding*. 2nd rev. ed. The Hague: European Assoc. Explor. Geophysicists, 1963.

DRASKOVITS, P. et al. Induced-polarization surveys applied to evaluation of groundwater resources, Pannonian Basin, Hungary. In: STANLEY, E.; WARD, H. *Investigations in Geophysics n. 4 – induced polarization applications and case histories*. Tulsa: Society of Exploration Geophysicists, 1990. p. 379-396.

FRANCISCO, R. F. *Avaliação da vulnerabilidade natural à contaminação do sistema aquífero Bauru, na Região Centro-Sul do Estado de São Paulo*. 2013. 116 f. Tese (Mestrado em Geociências e Meio Ambiente) – Instituto de Geociências e Ciências Exatas, Universidade Estadual Paulista, Rio Claro, 2013.

GEOTOMO Res2dinv - 2D Resistivity and IP Inversion.Software. Version 3.5. [s.l.], [s.d.].

GRIFFITHS, D. H. Application of electrical resistivity measurements for the determination of porosity and permeability in sandstones. *Geoexploration*, v. 14, n. 3/4, p. 207-213, 1976.

GRIFFITHS, D. H.; KING, R. F. (1965). *Geofísica aplicada para ingenieros y geólogos*. Tradução de Angel R. Cruz. Madrid: Ed. Paraninfo, 1972. 231 p.

HENRIET, J. P. Direct applications of the Dar Zarrouk parameters in ground water surveys. *Geophysical Prospecting*, n. 24, p. 344-353, 1975.

IAKUBOVSKII, I. U. V.; LIAJOV, L. L. *Exploración eléctrica*. Barcelona: Editorial Reverté, 1980. 421 p.

INMAN, J. R. Resistivity inversion with ridge regression. *Geophysics*, n. 40, p. 798-817, 1975.

INTERPEX IX1D. Version 2.0. Golden, Colorado: Interpex Ltd., 2008.

KELLY, W. E. Electrical resistivity for estimating permeability. *J. Geotech. Eng.*, ASCE, v.103, p. 1165-1169, 1977a.

KELLY, W. E. Geoelectric sounding for estimating aquifer hydraulic conductivity. *Ground Water*, v. 15, n. 6, p. 420-425, 1977b.

KOEFOED, O. Direct methods of interpreting resistivity observations. *Geophysical Prospecting*, v. 13, n. 4, p. 568-591, 1965.

KOEFOED, O. Resistivity sounding measurements. In: KOEFOED, O. (Org.) *Geosounding Principles*. Amsterdam: Elsevier Scientific Publishing Company, 1979a. 276 p.

KOEFOED, O. Resistivity sounding on an earth model containing transition layers with linear change of resistivity with depth. *Geophysical Prospecting*, v. 27, n. 4, p. 862-868, 1979b.

KUNETZ, G. Principles of direct current resistivity prospecting. In: KUNETZ, G. (Org). *Geoexploration Monographs*. Tradução de Robert Van Nostrand. v. 1, n. 1. Berlin: Gebruder Borntraeger, 1966. 103 p. Versão inglesa do original francês.

MAILLET, R. The fundamental equations of electrical prospecting. *Geophysics*, v. 12, n. 4, p. 529-556, 1947.

NIWAS, S.; SINGHAL, D. C. Estimation of aquifer transmissivity from Dar Zarrouk parameters in porous media. *Journal of Hydrology*, 50, p. 393-399, 1981.

OLDENBURG, D. W.; LI, Y. Inversion of induced polarization data. *Geophysics*, v. 59, n. 9, p. 1327-1341, 1994.

ORELLANA, E. *Prospección geoeléctrica en corriente contínua*. Madrid: Ed. Paraninfo, Biblioteca Técnica Philips, 1972. 523 p.

ORELLANA, E. *Prospección geoeléctrica por campos variables*. Madrid: Ed. Paraninfo, 1974. 571 p.

ORELLANA, E.; MOONEY, H. M. *Master tables and curves for vertical electrical sounding over layered structures*. Madrid: Interciencia, 1966. 34 p. texto, 125 p. tabelas, 68 folhas de curvas teóricas.

PARASNIS, D. S. (1962). *Princípios de geofísica aplicada*. Tradução de E. Orellana. Madrid: Ed. Paraninfo, 1970. 208p.

ROBINSON, E. S.; ÇORUH, C. Geoelectrical surveying. In: ROBINSON, E. S.; ÇORUH, C. *Basic exploration geophysics*. New York: Ed. John Wiley & Sons, 1988. p. 445-500.

SAUCK, W. A. A model for the resistivity structure of LNAPL plumes and their environs in sandy sediments. *Journal of Applied Geophysics*, Amsterdam, n. 44, p. 151-165, 2000.

SATO, M.; MOONEY, H. M. The electrochemical mechanism of sulfide self-potentials. *Geophysics*, XXV, p. 226-249, 1960.

SUMI, F. Prospecting for non-metallic minerals by induced polarization. *Geophysical Prospecting*, v. 13, n. 4, p. 603-616, 1965.

SUMMER, J. S. *Principles of induced polarization for geophysical exploration*. Amsterdam: Elsevier Scientific Publishing Company, 1976. 277 p.

TELFORD, W. M.; GELDART, L. P.; SHERIFF, R. E. *Applied geophysics*. 2nd ed. Cambridge: Cambridge University Press, 1990. 770 p.

THE NETHERLANDS RIJKSWATERSTAAT. *Standard graphs for resistivity prospecting*. The Hague: European of Association Exploration Geophysicists, 1969.

THOMSEN, R.; SONDERGAARD, V. H.; SORENSEN, K. I. Hydrogeological mapping as a basis for establishing site-specific groundwater protection zones in Denmark. *Hydrogeology Journal*, 12, p. 550–562, 2004.

VACQUIER, V. et al. Prospecting for groundwater by induced electrical polarization. *Geophysics*, v. 22, n. 3, p. 660-687, 1957.

WARD, S. H. Resistivity and induced polarization methods. In: WARD, S. H. *Geotechnical and Environmental Geophysics*. v. I. Tulsa, Oklahoma: Society of Exploration Geophysicists, 1990. p. 147-189.

ZOHDY, A. A. R. The auxiliary point method of electrical sounding interpretation, and its relationship to the Dar Zarrouk parameters. *Geophysics*, v. 30, n. 4, p. 644-660, 1965.